LES

ÉCLAIRAGES MODERNES

CONFÉRENCE

De M. L'ABBÉ MOIGNO

ÉCLAIRAGE AUX HUILES ET ESSENCES DE PÉTROLE — ÉCLAIRAGE AU MAGNÉSIUM. — ÉCLAIRAGE AU GAZ OXHYDROGÈNE — ÉCLAIRAGE A LA LUMIÈRE ÉLECTRIQUE — RÉGULATEUR DE LA PRESSION DU GAZ.

PARIS

CHEZ GAUTHIER-VILLARS, IMPRIMEUR-LIBRAIRE
55, quai des Grands-Augustins

ET AU BUREAU DU JOURNAL LES MONDES
32, RUE DU DRAGON

1867

LES ÉCLAIRAGES MODERNES

PARIS. — TYPOGRAPHIE WALDER, RUE BONAPARTE, 44.

LES

ÉCLAIRAGES MODERNES

CONFÉRENCE

De M. L'ABBÉ MOIGNO

1941

ÉCLAIRAGE AUX HUILES ET ESSENCES DE PÉTROLE — ÉCLAIRAGE AU MAGNÉSIUM — ÉCLAIRAGE AU GAZ OXHYDROGÈNE — ÉCLAIRAGE A LA LUMIÈRE ÉLECTRIQUE — RÉGULATEUR DE LA PRESSION DU GAZ.

PARIS

CHEZ GAUTHIER-VILLARS, IMPRIMEUR-LIBRAIRE
55, quai des Grands-Augustins

ET AU BUREAU DU JOURNAL *LES MONDES*
32, RUE DU DRAGON

1867

I

ÉCLAIRAGE AUX HUILES MINÉRALES

Des huiles minérales en général. — Essai des huiles minérales pour l'éclairage. — Des diverses manières de faire servir les huiles minérales à l'éclairage. — Lampes à liquide. — Gazo-lampe et gaz Mille. — Lampes sans liquide.

1° *Des huiles minérales en général.*

« Une première question se présente naturellement à l'esprit dès l'abord : A quoi est due l'extension si rapide que prend l'usage des huiles minérales dans l'éclairage ? La réponse est très-simple et péremptoire : à poids égaux consommés, ces huiles donnent plus de lumière et coûtent moins que les huiles végétales employées jusqu'ici. Cela résulte des expériences comparatives que je viens de faire sur le pouvoir éclairant des diverses substances employées aujourd'hui dans l'industrie et dans les établissements publics ou les maisons particulières.

L'unité de lumière que j'ai choisie, parce qu'elle est généralement prise pour type, c'est la bougie stéarique. En la comparant d'une part aux anciennes chandelles de suif, et d'autre part aux belles bougies de paraffine qu'on trouve aujourd'hui déjà dans la vente en détail, et ramenant les lumières produites à des poids égaux brûlés de part et d'autre en un même temps, je trouve que, la bougie stéarique étant 100 en lumière, la chandelle donne 95 et la bougie de paraffine 130.

Je compare, toujours à égalité de poids consommés, la bougie stéarique avec l'huile de colza bien épurée et brûlée dans une lampe Carcel ou dans une lampe à modérateur ; et je trouve que, la bougie donnant 100 unités de lumière, l'huile en donne 168. Ici l'avantage est tout entier du côté de la lampe, tant sous le rapport du prix que de la qualité de la lumière.

Je passe à la comparaison de la bougie avec les divers gaz d'éclairage. La bougie donnant une unité de lumière pour 9 grammes brûlés à l'heure, un mètre cube de gaz brûlé par heure donne :

Gaz à la houille   70
 « au boghead   340 unités.
 « à la graisse ou à l'huile 250

Comme le premier de ces gaz peut être produit aujourd'hui même pour le détail, à 0f,30 le mètre cube, la supériorité de cet éclairage est immense au point de vue de l'économie, même sur la lampe Carcel. J'ajoute que lorsque le gaz est bien épuré, brûlé avec des becs convenables, et fourni au bec sous une pression très-régulière, il lutte avec la lampe, même quant à la qualité de la lumière. Dans tous les cas où son usage est possible, le gaz a donc la supériorité sur tout autre mode d'éclairage, même sur celui dont je vais vous parler.

J'arrive maintenant à l'huile d'éclairage qui fait l'objet de ce rapport. A poids égaux brûlés par heure, la bougie étant encore l'unité de lumière, ou 100 ;

L'huile de pétrole d'Amérique bouillant à 210° donne 279
Id.   id.   id.   — 70   225

⠆ L'avantage de l'huile minérale sur la bougie est énorme, puisque un même poids de la première nous donne une lumière presque triple. Mais si nous comparons même le pétrole à l'huile de colza épurée et brûlée dans une Carcel, nous trouvons encore que pour obtenir la lumière de 100 bougies stéariques, il faut brûler par heure 532 gr. de colza, tandis que 320 gr. de pétrole d'Amérique nous suffiront pour atteindre la même clarté. L'économie en poids est dans le rapport de 166 à 100 ou d'environ 40 p. 0/0. Mais ce n'est pas à beaucoup près le seul avantage que présente l'huile minérale. Dans les meilleures conditions possibles d'entretien, une lampe Carcel ou à modérateur baisse en lumière au bout de quatre ou cinq heures d'allumage ; la lampe à l'huile de pétrole donne jusqu'à épuisement complet de son réservoir une lumière parfaitement constante en intensité et en couleur. La lumière de l'huile végétale est jaune rougeâtre comparativement à la blancheur de celle de l'huile de pétrole.

D'un autre côté, l'usage de cette dernière présente quelques difficultés et quelques inconvénients. Il faut que les mèches soient coupées avec la plus grande régularité et, j'ajoute, avec intelligence ; il faut que l'air où se trouve la lampe soit tranquille, il faut que la lampe elle-même soit très-bien construite. Hors de ces conditions, la flamme fume ou sent mauvais ; l'énorme chaleur développée par la combustion entraîne aisément la fracture des verres de lampe, si l'on pousse trop rapidement la flamme à son maximum.

Nonobstant ces derniers inconvénients, l'emploi de l'huile minérale comme moyen d'éclairage n'en réalise pas moins un des grands progrès de notre époque, et les mines qui fournissent les matières propres à la fabriquer constituent pour un pays une vraie richesse nationale.

L'huile minérale me paraît appelée à rendre les plus grands services dans l'éclairage public des villages ou des petites villes. Là en effet l'emploi d'un gazomètre, non-seulement présente de très-grandes difficultés, mais devient très-onéreux pour les communes, parce que très-peu de particuliers sont à même d'acheter le gaz et de contribuer ainsi à diminuer les frais généraux; l'huile minérale, bien employée, présente dans ces cas une économie très-notable sur le gaz lui-même.

A ma connaissance, il existe cinq espèces principales d'huiles minérales distinctes comme origine.

1° Celles qu'on tire des schistes bitumineux de Lobsann, d'Autun, des environs de Bonne, etc. Ces schistes, soumis à l'action de la chaleur dans de spacieuses cornues de fonte ou de terre réfractaire, fournissent une huile brute, très-colorée et infecte, qu'on redistille une seconde fois en fractionnant les produits. La première partie distillée forme l'huile d'éclairage, la seconde forme une huile plus épaisse, laquelle convenablement épurée et mêlée à une huile fixe végétale ou animale est éminemment propre au graissage des machines; la troisième enfin sert à faire l'asphalte.

2° Celles qu'on tire des sables bitumineux : ceux de Pechelbronn par exemple qu'exploite avec beaucoup d'intelligence M. Lebel. Le produit brut de la première distillation est plus riche en huile d'éclairage que celui des schistes; la seconde distillation d'ailleurs donne les mêmes résultats généraux : asphalte, huile à graisser de très-bonne qualité, et l'huile d'éclairage.

3° Celles que l'on retire de la distillation du Boghead, espèce de bitume fossile qu'on exploite dans quelques mines d'Écosse, et qui est très-propre aussi à la fabrication du gaz d'éclairage. Les quantités relatives de gaz et de goudron minéral que fournit la première distillation dépendent uniquement de la température à laquelle on opère : le gaz est d'autant plus abondant que celle-ci est plus élevée.

4° Celles qu'on retire des sources naturelles de pétrole d'Alsace près Schwabwiller. Soumis à la distillation, ce pétrole nous donnait 10 p. 0/0 de résidu charbonneux, 10 p. 0/0 d'huile très-fluide, incolore, contenant beaucoup de benzine, pouvant servir pour enlever les taches de graisse, et donnant à l'éclairage une très-belle lumière ; et enfin 80 p. 0/0 d'huile à graisser presque inodore et incolore.

5° Enfin celles qu'on retire aujourd'hui des sources de pétrole si abondantes du Canada et de la Pensylvanie. Ce pétrole produit à la distillation peu d'huile propre au graissage des machines, beaucoup d'huile d'éclairage, et une certaine quantité d'une huile très-volatile pouvant être employée avantageusement pour détacher les étoffes, etc.

L'huile brute, qui résulte de la première distillation de toutes les matières que je viens d'énumérer, contient toujours de la paraffine ou carbure d'hydrogène, solide, blanc, inodore ; mais la quantité relative de cette dernière est très-variable d'une provenance à l'autre. C'est, comme vous savez, avec la paraffine qu'on fabrique aujourd'hui les belles bougies diaphanes qui commencent à se répandre dans le commerce. L'exploitation en grand de ce magnifique produit a été, je crois, établie en France pour la première fois et avec toute la perfection désirable par la respectable et industrieuse maison de MM. Cognet et Maréchal, à Paris.

Cette même huile brute contient aussi toujours un certain volume très-variable de gaz hydrogène plus ou moins carboné, qui s'en dégage soit dans le vide, soit par l'action de la chaleur.

Bien que toutes les huiles dites minérales appartiennent en

définitive à une même classe de combinaisons chimiques, à celle des carbures d'hydrogène, il n'en est pas moins vrai qu'il existe aussi entre elles des différences spécifiques qui ne sont pas caractérisées uniquement par plus ou moins de volatilité; ainsi chacune a une odeur propre qui permet à une personne un peu habituée d'en indiquer de suite l'origine.

Le danger que peut présenter l'emploi des huiles minérales dans l'éclairage repose exclusivement sur la grande volatilité de deux des principes constituants de l'huile brute ou mal préparée, et de la grande inflammabilité de leurs vapeurs au contact d'un corps en combustion ou chauffé au rouge; sans ce contact l'inflammation est absolument impossible. Une huile d'éclairage peut être regardée comme absolument *non dangereuse*, lorsque, versée sur une planche chauffée à 30° ou 40°, elle ne s'allume pas au contact d'un corps enflammé; lorsqu'une lampe, qui la contient et qui est allumée, peut être renversée sans que l'huile du réservoir s'allume. Ces conditions sont remplies, et au-delà, lorsque dans la fabrication, on met à part toutes les premières parties de la distillation dont le point d'ébullition est inférieur à 190° ou 200°. Ces premières parties, bien épurées, ne sont point perdues, et peuvent servir à dégraisser les étoffes, à dissoudre certaines résines pour vernis, etc. L'huile qui bout entre 190° et 210° est aussi celle qui donne le plus de lumière. Celle qui bout à 230° ou 240° fume et ne peut plus servir à l'éclairage.

Les déplorables accidents auxquels a donné lieu récemment l'emploi des huiles minérales doivent être attribués exclusivement à ce que les producteurs ne se préoccupent pas toujours de remplir les conditions indispensables que je viens d'indiquer, et laissent mêlés tous les produits de la distillation, afin de pouvoir vendre à plus bas prix. Pour rester juste, j'ajoute que le public, par la préférence inintelligente qu'il donne à tout ce qu'on lui offre à vil prix, ne favorise que trop la vente de ces produits inférieurs.

Si l'on tenait absolument à réglementer la vente des huiles de pétrole, l'épreuve du point d'ébullition serait plus que suffisante, et l'on pourrait n'admettre que les produits qui bouillent *franchement* à 190° ou au-dessus. Cette condition étant remplie, l'usage de l'huile minérale est infiniment moins dangereux que celui de l'esprit-de-vin dont tout le monde se sert dans les ménages pour faire de l'eau chaude, pour préparer le thé et le café, etc. — (*Extrait d'un rapport fait à la Société de Mulhouse par M. G. A. Hirn, correspondant de l'Institut.*)

2° *Essai des huiles minérales destinées à l'éclairage.*

M. Urbain et M. Salleron, 24, rue Pavée, au Marais, ont combiné une excellente méthode d'essai des huiles minérales divisées en trois groupes, renfermant : le premier, tous les liquides dont la densité est inférieure à 735, celle de l'eau étant 1 000, et qui constituent les essences; le second, tous les composés qui distillent ensuite, dont la densité ne dépasse pas 820, et qui sont les huiles d'éclairage; le troisième enfin, ce qui passe en dernier lieu à la distillation, et constitue les huiles lourdes. Certains fabricants, dans le but d'augmenter la proportion de l'huile pour l'éclairage, font un mélange d'huiles lourdes dont la densité est supérieure à 820 et d'essences de densité inférieure à 735, en proportions convenables, pour conserver la densité ordinaire de 800. C'est ce mélange qui rend l'huile pour l'éclairage d'un usage dangereux, incommode, et le problème de l'essai des huiles consiste à s'assurer : 1° que la densité est de 800, ce qu'on fait au pèse-liquide; et 2° que l'huile minérale ne contient ni essence, ni huile lourde. Le procédé et l'appareil de M. Salleron sont fondés sur ce fait expérimental que pour des liquides émettant des vapeurs in-

flammables, le degré d'inflammabilité, à une certaine température, est proportionnel à la tension des vapeurs qu'ils émettent à cette température.

B est une petite boîte en cuivre fermée hermétiquement
par le disque *d d* rodé sur ses bords ; donnant passage à un
tube manométrique en verre *m*, de 30 à 35 centimètres de
longueur et divisé en millimètres, ainsi qu'à un petit thermomètre *t*. Le disque est en outre percé d'une ouverture circu-
laire *o* qui peut être fermée ou servir
de communication entre la boîte B et
une petite chambre cylindrique *c* percée dans la pièce G, en faisant glisser à
droite ou à gauche cette pièce rodée
sur le disque *d*. Pour faire une expérience, on verse dans la boîte B cinquante centimètres cubes d'eau ; on
amène la pièce G dans la position qui
correspond à la fermeture *o* ; puis on
introduit dans la cavité *c* quelques centimètres cubes de l'huile à essayer. Cela
fait, on ferme hermétiquement cette
cavité, et l'on plonge tout l'appareil
dans un vase plein d'eau, afin de lui
faire prendre une température bien
uniforme qu'il devra garder pendant

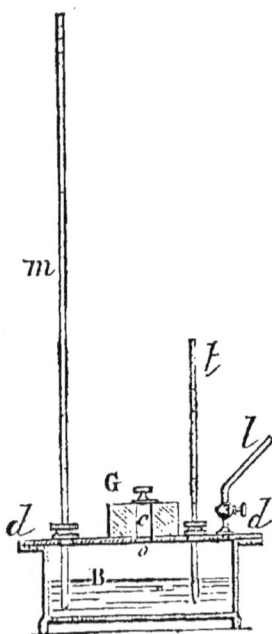

Fig. 1.

toute la durée de l'expérience. On comprime un peu
l'air contenu dans la boîte B en soufflant dans le
tube *l*, muni d'un petit robinet, de manière à amener
le niveau du liquide dans le tube manométrique en regard du zéro de sa graduation, puis on fait glisser la pièce G
jusqu'à ce que l'ouverture *o* coïncide avec la partie inférieure de la petite chambre *c*. A cet instant, l'huile qui y était

contenue tombe dans l'intérieur de la boîte B et s'y trouve remplacée par un égal volume d'air. Le fait de l'introduction du pétrole ne peut donc rien changer à la pression de l'air dans le cavité B, mais à cette pression vient s'ajouter la tension de la vapeur de l'huile qui s'est répandue à la surface de l'eau, et l'augmentation de pression survenue se trouve indiquée par la colonne du manomètre : lorsqu'elle est devenue stationnaire, on lit la hauteur à laquelle elle est parvenue, et en même temps sa température indiquée par le thermomètre t. On a ainsi en millimètres d'eau la tension de la vapeur de l'huile à essayer correspondante à une température donnée. Et si l'on connaît d'avance la tension de vapeur que donne à cette température une bonne huile prise pour unité, on pourra, de la comparaison des nombres exprimant la tension de ces deux liquides, conclure immédiatement la valeur de l'échantillon. Pour faciliter cette comparaison, ces messieurs, ont déterminé la tension de vapeur entre 0° et 35° d'une même huile complétement exempte de tous les produits de densité inférieure à 735 et de densité supérieure à 820°. Sa tension à 15 degrés était de 64 millimètres, et ce nombre peut être accepté comme limite des tensions de vapeur que devraient posséder les huiles livrées dans le commerce.

3° *Des diverses manières de faire servir les huiles minérales à l'éclairage.*

1. *Lampes à liquides.* Elles sont déjà anciennes et nous ne nous arrêterons pas à les décrire. Elles sont en général très-simples, et formées d'un réservoir inférieur, ordinairement en verre et contenant le liquide, dans lequel plonge une mèche plate ou cylindrique. La mèche sort par un orifice ou bec, avec ou sans crémaillère, et vient brûler au sein d'un verre le plus souvent très-renflé. Nous avons déjà dit

1.

les inconvénients de cette flamme trop petite, trop vive, trop chaude qui fatigue le regard et fait briser le verre. Quelques artistes, M. Masson entre autres, rue Lacuée, sont parvenus cependant à tirer un excellent parti des huiles de pétrole pour l'éclairage très-régulier, très-économique, non-seulement des intérieurs, mais des gares de chemin de fer et des communes rurales, avec un nombre suffisant de becs d'un très-bon service, alimentés d'huile de pétrole par un réservoir à niveau constant. Son bec rond, à courant continu reçoit à sa partie inférieure, parties égales d'huiles légères et d'huiles lourdes. Ce mélange à l'avantage de lui faire conserver très-longtemps sa capillarité; elle le brûle jusqu'à la dernière goutte, et s'éteint sans danger quand l'alimentation cesse. Les becs ronds sont de divers diamètres : les petits donnent une clarté équivalente, sans réflecteur, à la puissance de 6 bougies, et ne consomment que 13 grammes de pétrole à l'heure, 11 centimes en dix heures. Les gros ont un diamètre de 20 millimètres, et l'intensité de leur lumière mesurée au photomètre est égale, sans réflecteur, à la puissance de 15 bougies. Les verres sont ronds et à coude (verres Carcel). Cette forme permet de n'échancrer le réflecteur que juste pour son passage. La flamme ronde se trouve toujours au foyer du réflecteur de forme parabolique, qui renvoie facilement la lumière à 40 mètres de distance de la lanterne; on peut donc, sans inconvénient, n'installer les appareils qu'à 80 mètres les uns des autres, à moins de courbes très-prononcées ou d'obstacles s'opposant à la projection des rayons lumineux.

La consommation des becs de 20 millimètres est de 30 grammes à l'heure; le prix du pétrole de bonne qualité est de 85 centimes le kilogramme : la dépense est donc de 2 1/2 centimes par heure.

2. Éclairage au gaz formé d'un mélange d'air et de vapeurs de pétrole. Gazo-lampe Mille. — Le gazo-lampe Mille, ainsi appelé du nom de l'inventeur, M. Adolphe Mille, est le premier appareil qui, sans le secours du feu, et sans mécanisme aucun, ait fait passer l'air atmosphérique ambiant à 'état de gaz inflammable parfaitement propre au chauffage et à l'éclairage. Il est alimenté par les essences ou huiles très-légères de pétrole, premier produit de la distillation des huiles brutes, et dont il faut absolument dépouiller ces huiles pour qu'on puisse les brûler sans danger dans les lampes à mèche, américaines ou autres.

Vaporisables au-dessous de 100 degrés, ces essences pèsent de 650 à 700, la densité de l'eau étant 1 000 ; elles ne contiennent aucun acide gras, et n'ont d'autre emploi que de remplacer, dans la peinture en bâtiment ou dans le dégraissage des étoffes, l'essence de térébenthine, devenue plus rare et plus chère depuis la guerre d'Amérique ; les convertir en gaz est le meilleur parti qu'on en puisse tirer.

Le gazo-lampe est tantôt portatif ou mobile, tantôt fixe ou immobile ; nous le décrivons tour à tour sous ces deux formes.

Le gazo-lampe portatif ou mobile (*fig.* **2**) se compose essentiellement de deux récipients concentriques, de forme quelconque, rectangulaire ou cylindrique, en général ; l'un extérieur en zinc, fer-blanc ou cuivre ; l'autre intérieur en toile de fer ou de cuivre. Le récipient intérieur, qui n'est séparé du récipient extérieur que par une mince couche d'air, est rempli d'éponge, de morceaux de coke ou de tout autre substance absorbante non tassée. On verse de l'essence de pétrole par une ouverture supérieure, de manière que le corps poreux du récipient intérieur en soit imbibé sans excès, et le gazo-lampe est prêt à fonctionner. L'air atmosphérique, par sa simple pression et son pouvoir naturel de diffusion, entre par l'ouverture dans le récipient intérieur, le lèche sur sa surface, traverse aussi la matière spongieuse, se charge de vapeurs d'hydrocarbure, se transforme en gaz plus lourd que l'air, descend au fond du récipient, sort par un orifice inférieur, et entre dans le tube en caoutchouc ou en métal qui le conduit au bec, où il brûle avec une flamme très-dense et très-blanche.

Pour transformer en gazo-lampe les anciens quinquets à réservoir d'huile plus élevé que le bec, il suffirait de remplacer le vase intérieur, qui contient l'huile, par un récipient en toile de fil de fer, rempli d'éponge, et d'y laisser entrer, par une ouverture ménagée à dessein, l'air qui, en léchant l'éponge, se transformera immédiatement en gaz pouvant brûler sans mèche et dans un bec quelconque.

Pour obtenir une lampe à flamme placée non plus latéralement, mais au sommet de l'appareil, il faudrait, comme dans le passage du quinquet à la lampe Carcel ou à la lampe modérateur, recourir à un mécanisme, c'est-à-dire à un ventilateur enfermé dans le pied d'un gazo-lampe, pour déterminer le courant d'air ascendant qui, en se chargeant de vapeur au contact de l'éponge imbibée d'essence de pétrole, viendrait brûler au sommet de l'appareil, sous forme d'un bec de gaz, avec ou sans cheminée.

Le principe auquel il faut satisfaire, c'est que le corps spongieux ne soit pas trop serré; que l'air qui entre puisse le lécher sur toute sa surface extérieure et intérieure. Il sera souvent avantageux de placer sur le trajet du courant d'air deux ou trois appareils gazo-lampes pour obtenir un gaz plus riche et un éclairage plus persistant. Les deux grands avantages du gazo-lampe portatif sont : 1° que l'essence de pétrole n'est plus à l'état de liquide pouvant se répandre et prendre feu; 2° qu'on n'a pas plus à redouter l'explosion que l'incendie, parce que le récipient contenant le corps spongieux imbibé d'essence est presque absolument plein, ou renferme trop peu d'air dans ses espaces libres pour pouvoir constituer un mélange détonnant. Son inconvénient est que la quantité d'essence qu'il renferme est trop limitée : au bout d'un temps qui n'est pas très-long, l'air se charge de moins en moins de vapeurs et la flamme baisse.

Malgré cette imperfection secondaire, l'appareil élémentaire que nous venons de décrire pourra recevoir un très-grand nombre d'applications variées à l'infini; il fournit un moyen très-facile d'éclairage au gaz des wagons de chemins de fer, etc., etc.

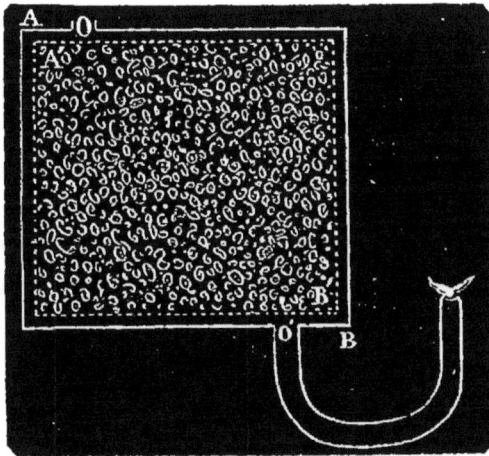

Fig. 2.

3. *Gazo-lampe fixe ou immobile.* Sous une de ses formes les plus simples, il se compose de plusieurs cylindres plats et à

large surface, en fer-blanc, en zinc ou en tôle, séparés l'un
de l'autre, soit par de simples pieds, soit par des boîtes aussi
cylindriques, de même diamètre ou de diamètre plus petit.
Les cylindres dont la hauteur, toujours inférieure cependant
à 5 centimètres, et le diamètre, varient à volonté, dont
le volume peut être ce que l'on voudra, sont destinés à contenir le liquide combustible, pétroles légers ou benzines légères. Les boîtes, si on les a substituées à de simples pieds,
servent de support aux cylindres, et pourront à la rigueur,
être remplies d'eau chaude pour accélérer la production
du gaz.

Dans l'intérieur de chaque cylindre, on installe une sorte
de capsule renversée ou même de boîte quadrangulaire fermée, en toile métallique de fer ou de cuivre, dont la hauteur
est d'un centimètre ou moitié à peu près de celle du cylindre,
sous ou dans laquelle on pourra mettre quelques morceaux
tassés d'éponge, de coton, de coke ou autre matière spongieuse, avec la destination de donner plus de stabilité au
liquide, d'amoindrir ses oscillations et d'assurer à la flamme
plus de fixité. Au fond, cette addition est superflue.

Les cylindres successifs sont reliés les uns aux autres de
haut en bas par des tubes en caoutchouc ou en métal; chaque
tube part d'une ouverture exactement opposée à celle par
laquelle l'air qui doit se charger ou qui est chargé de vapeurs
entre dans le cylindre, et vient aboutir sur le cylindre inférieur à l'extrémité d'un diamètre perpendiculaire au diamètre d'entrée et de sortie du cylindre supérieur. De cette
manière, l'air entre dans le premier cylindre, lèche à droite
et à gauche la surface du liquide, sort à 180 degrés par le
tube, descend à 90 degrés dans le deuxième cylindre, etc. A
l'aide de ce nouvel appareil, comme à l'aide du premier, les
huiles légères de pétrole ou de benzine se transformeront

instantanément et partout en gaz, sans application de chaleur ou d'un mécanisme quelconque, sans gazomètre, sans ventilateur, sans réservoir d'air comprimé. Ce qui n'empêche pas qu'on ne puisse à volonté ou au besoin recourir à l'un de ces moyens forcés d'introduction de l'air, afin de se dispenser de placer les appareils à une grande hauteur, ou quand on veut obtenir du gaz à des pressions supérieures à la pression atmosphérique. Dans la nouvelle disposition, le liquide n'est pas entièrement absorbé par le corps poreux ; il reste en partie à l'état de fluide ; mais ce léger inconvénient est largement compensé par la possibilité d'obtenir au besoin d'énormes quantités de gaz, et de le conduire sur des points assez éloignés, à la seule condition de mettre, si on le juge nécessaire, de distance en distance, sur le trajet du courant d'air et de vapeur, un ou plusieurs cylindres semblables à ceux que nous avons décrits.

Pour empêcher la flamme de pénétrer dans les cylindres, il sera bon de mettre une ou plusieurs toiles métalliques dans chacun des tubes, un peu en avant du bec.

Le très-beau gaz fourni par le gazo-lampe portatif ou fixe et qui brûle sans mèche à la sortie d'une ouverture où brûlent de grandeur convenable, bec papillon, bec Manchester, bec cylindrique, etc., est un simple mélange d'air et de vapeur qui n'a pas encore été suffisamment analysé, mais qui peut contenir sur cent parties quatre-vingt-dix d'air et dix de vapeur de pétrole, et ne peut jamais former un mélange explosible.

Ce mélange d'air et de vapeur est plus lourd que l'air, et voilà pourquoi il s'écoule spontanément par le tube de sortie, comme l'huile dans les anciens quinquets. Lorsque l'appareil est très-bas, la tendance du gaz à sortir est presque nulle, il brûle presque sans pression. A mesure que l'on élève les récipients, la pression augmente, le gaz sort avec plus de force, la flamme prend de plus grandes dimensions. Une expérience souvent répétée a prouvé qu'une hauteur d'environ six mètres suffisait pour que le gaz né spontanément du passage de l'air pût, en circulant dans un tube à pente très-faible, plusieurs fois infléchi, horizontalement ou verticalement, atteindre à de très-grandes distances et alimenter sur tous les points d'un vaste atelier des becs qui ne le cèdent pas en clarté à des becs de même calibre alimentés par le gaz de la rue dont la pression est beaucoup plus grande. C'est vraiment un fait merveilleux que l'air ainsi abandonné à lui-même se charge exactement de la quantité de vapeur hydrocarburée nécessaire et suffisante à sa transformation en un gaz magnifique, brûlant sans fumée et sans dépôt de charbon, sans souiller ou altérer en rien les tuyaux en caoutchouc ou en métal qui le guident dans sa circulation automatique et spontanée.

En outre de ses applications à l'éclairage et au chauffage, le gazo-lampe Mille est appelé, et ce sera un de ses plus grands succès, à engendrer le gaz qui alimente le moteur Lenoir, source si précieuse de puissance mécanique. Ce moteur, en effet, déjà très-recherché, ne pourra pénétrer partout et rendre à la mécanique, dans les petites villes et les campagnes, les services considérables qu'elle en attend, qu'autant qu'il portera avec lui l'appareil générateur du gaz qui lui donne la vie.

Il sera bon peut-être d'alimenter le vase supérieur par l'intermédiaire d'un mécanisme à écoulement constant, pour ajouter encore à la régularité de l'approvisionnement en gaz du bec ou du moteur ; mais nous ne nous arrêterons pas à décrire ces perfectionnements secondaires.

Nous le répétons encore, ce qui fait la supériorité du mode de production du gaz d'éclairage inventé par M. Mille, c'est l'absence complète de tout mécanisme, soufflet, ventilateur,

gazomètre, etc. Rien de plus simple, et de plus élémentaire ;
c'est l'air lui-même qui fait tout automatiquement. Les dé-
fauts du gaz Mille, compensés par tant d'avantages, sont d'a-
voir peu de pression, d'exiger par conséquent des tuyaux et
des orifices d'un diamètre un peu plus grand, de résister
moins bien aux causes d'extinction, et de ne pouvoir naître en
quantité très-considérable qu'autant que les liquides sont très-
légers. Dans le cas où l'on n'aurait, par exemple, à sa disposition que des pétroles plus lourds, pesant 700 à 800, comme
aussi lorsqu'il sera nécessaire que le gaz arrive au bec avec
une pression comparable à celle du gaz ordinaire, force sera
d'envoyer l'air dans le gazo-lampe Mille ou dans d'autres ap-
reils combinés dans ce but, à l'aide d'un mécanisme approprié,
réservoir d'air comprimé avec régulateur, soufflet, ventilateur
ou gazomètre. La solution du problème de la génération du
gaz d'éclairage par les pétroles américains ou les benzines se
complique alors, ou perd la simplicité extrême que M. Mille a
su lui donner ; mais elle est très-abordable encore. Déjà plusieurs inventeurs ont fait construire des appareils gazogènes
complets, ventilateur et générateur, qui donnent de bons
résultats, un éclairage aussi brillant et aussi économique que
l'éclairage par le gaz extrait de la houille. On a pu avec le
gaz ainsi engendré alimenter des becs énormes, à séries de
trous concentriques qui donnent la lumière de vingt ou trente
lampes Carcel, et qui dans les phares remplaceraient peut-
être avantageusement, économiquement, les lampes à mèches
multiples de Fresnel.

Qu'il nous soit permis, en finissant, de signaler un progrès
énorme et grandement désirable. Pour éclairer au gaz, dans
le nouveau système, on ne demanderait aux gazomètres des
usines que de l'air ou de l'oxygène qui n'infecterait
plus le sol, dont la déperdition par les fuites presque

inévitables n'aurait aucun inconvénient, qui ne déterminerait jamais d'explosions, et qui ne remplirait plus de goudron les tuyaux de conduite. On ne saurait reculer devant l'objection que les essences de benzine et de pétrole sont difficiles à manier et dangereuses ; car, d'une part, ces liquides existent, ils ont une valeur intrinsèque considérable, et l'on ne réussira jamais à les refouler dans le néant ; d'autre part, les opérations pratiquées par M. Mille et plusieurs inventeurs ne sont rien autre chose qu'une carburation entrée depuis longtemps dans les habitudes publiques.

Les personnes, trop rares encore, qui ont fait usage du gaz Mille sont unanimes à célébrer ses avantages : lumière magnifique, simplicité, propreté, sécurité, économie, régularité absolue, indépendance complète : en pleine possession du générateur de son gaz, on n'a à compter avec personne.

Les nombres suivants, résultats d'expériences très-consciencieuses faites par M. Mansuy, donneront une idée du prix de revient et de l'économie de ce charmant éclairage. « Dans une première expérience, qui a duré 10 heures, avec un appareil à 4 compartiments présentant une surface totale de 50 decimètres carrées, nous avons introduit 6 k. 850 ou environ 10 litres d'essence, et nous avons marché pendant 10 heures avec 4 becs allumés. La dépense a été de 2 k. 200, ou 3 litres 38 : le liquide coûtait 80 centimes le litre ; nous avons donc dépensé 2 fr. 02, soit 5 centimes par bec et par heure. Le bec representait au moins une consommation à l'heure de 160 litres de gaz ordinaire ; ce gaz coûtant en province 50 centimes et plus le mètre cube, la dépense aurait été de 6 400 litres, ou 3 fr. 20 au lieu de 2 fr. 02. Dans une seconde expérience, au liquide qui avait déjà servi nous avons ajouté 3 k. 50 de liquide neuf et opéré avec 8 k. 50 de liquide. Quatre becs ont brûlé pendant 12 heures consécutives ; la dépense a été de 2 k. 250 ou, à 80 centimes le kilogramme, de 4 centimes par bec et par heure. Nous pouvons donc regarder comme résolu le problème de la reproduction à bon marché du gaz engendré des essences légères de pétrole américain avec le gazo-lampe Mille.

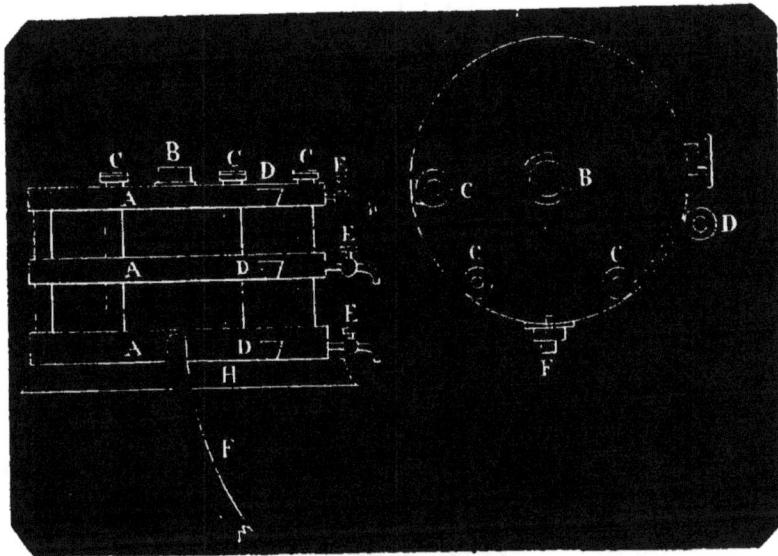

Fig. 3.

L'appareil définitivement adopté par M. Mansuy, est représenté (fig. 3) : A, A, A compartiments pour le liquide ; B orifice pour l'entrée de l'air ; C, C, C orifices pour verser le liquide ; E, E, E robinets de vidange ; F orifice pour la sortie du gaz ; G, G supports formant tube de communication ; H socle.

Lors qu'il s'agira de produire le gaz Mille en très-grande quantité, par exemple pour l'alimentation d'un moteur Lenoir, on pourra donner à l'appareil une forme analogue à celle dessinée (fig. 4) par M. Perrigault. Le liquide sera sim-

plement versé sur des tablettes creuses revêtues à l'intérieur
de feuilles de plomb.

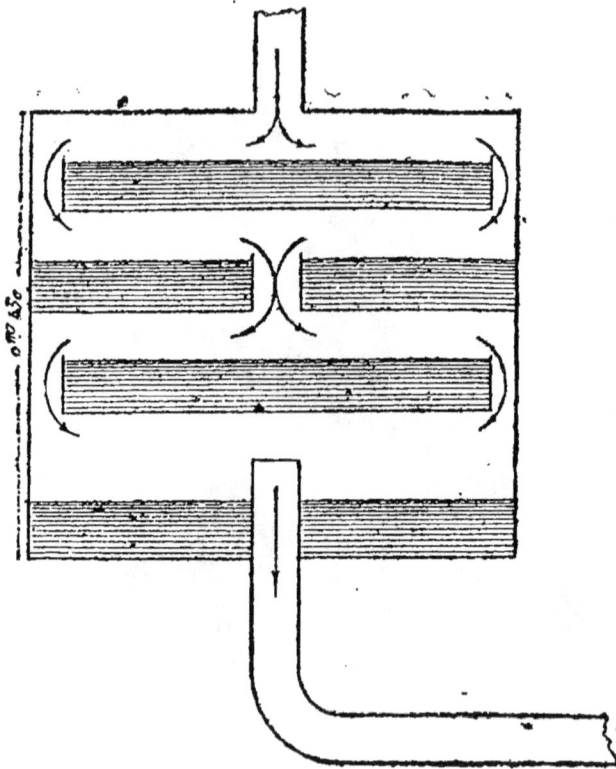

Fig. 4.

MM. Leplay et Noël, 15, rue du Conservatoire, font construire
des gazo-lampes-Mille de diverses dimensions, de manière à
fournir le gaz nécessaire à l'alimentation de 10, 20, 50, 100 becs
et plus. On peut réaliser ainsi dans des conditions de simplicité
extrême, l'éclairage des grandes et des petites industries, des
églises, châteaux, colléges, pensionnats, théâtres, cafés, etc.

Ces messieurs ont donné le nom de gazoléine à l'essence légère destinée à l'alimenter ; tous les deux ou trois jours, on devra remplacer dans l'appareil le liquide consommé, en prenant bien soin d'opérer à la lumière du jour, ou du moins, de ne pas approcher du liquide la lumière dont on s'éclaire. Le gaz s'écoulera avec d'autant plus de force que l'appareil sera plus élevé, et on fera bien de l'installer à 5 ou 6 mètres, s'il est possible.

L'année dernière, M. Mille a réussi à donner à son gaz plus de pression, et en même temps à le faire naître d'essences plus lourdes, ou pesant 700, ce qui est un avantage énorme en raison de la rareté des essences très-légères, de 600 à 650. Voici à peu près comment il y est parvenu. Il donne au récipient la forme d'un demi-cylindre creux ; et dans ce demi-cylindre il fait tourner sur lui-même ou autour de son axe, à l'aide d'un petit mouvement d'horlogerie intérieur, un tambour formé d'un nombre suffisant de barres horizontales sur lesquelles est tendue une toile métallique en fil de fer ou de cuivre, ou même simplement une gaze plus ou moins épaisse.

Le niveau du liquide dans le cylindre doit rester au-dessous de l'axe. Le tambour en tournant s'imbibe d'essence qu'il met, sur sa surface supérieure recouverte d'un demi-cylindre semblable au premier, en contact avec l'air entré par un orifice percé dans la paroi supérieure ou latérale de la boîte.

Par son contact avec la surface très-large et très-mince du liquide dont le tambour est imbibé, l'air se charge aisément de vapeur, le gaz Mille naît en très-grande abondance, et l'impulsion qu'il reçoit en naissant de la rotation du tambour lui donne une petite pression additionnelle, que l'on constate par ce fait que le gaz peut brûler un peu au-dessus du niveau de l'appareil.

Ce gaz est éminemment propre au chauffage des appartements, des serres, des fourneaux de cuisine. Il est plus sain, parce qu'il amène avec lui du dehors l'air nécessaire et suffisant à sa combustion, tandis que le gaz ordinaire puise dans l'appartement même l'oxygène dont il a besoin pour brûler.

Une ville dont toutes les maisons seraient pourvues à l'intérieur de gazo-lampes Mille, avec cette précaution qu'un tuyau s'embranchant sur l'appareil, viendrait alimenter un bec destiné à illuminer le numéro de la maison, entrerait en possession du plus excellent des éclairages. Au lieu de dépenser des sommes considérables pour éclairer les rues, la municipalité n'aurait plus qu'à dégrever chaque contribution individuelle du coût de l'éclairage du numéro de la maison.

4° *Lampes sans liquide ou lampe à gaz Mille.*

Le gazo-lampe mobile que nous avons décrit est au fond une lampe sans liquide, mais elle sortait des habitudes reçues; la flamme s'élançait par le bas.

Il eût été peut-être facile de le faire accepter, malgré ce léger inconvénient, car le gazo-lampe constituait un progrès véritable. Mais MM. Mille, Leplay et Noël ont pensé qu'il fallait mieux rester fidèle à la lampe qui brûle et éclaire par en haut.

Ils ont donc repris la mèche qui est du domaine commun, ils l'ont mis en contact par son extrémité inférieure avec l'éponge imbibée de pétrole, ils ont engagé son bout supérieur dans un petit tube de cuivre avec ou sans crémaillère pour l'élever ou l'abaisser suivant le besoin, et ils ont constaté que chargé de vapeurs au contact de la mèche, conduit par elle, comme par un fil conducteur, l'air changé en gaz combustible vient brûler à l'orifice du tube, au bout de la mèche, et donne une charmante lumière. Ce n'est pas évidemment la flamme petite, blanche, éblouissante, excessivement chaude de la lampe à liquide; c'est bien la flamme gazeuse, jaune, relativement froide du gazo-lampe. Ce qui brûle, ce qui éclaire, c'est toujours l'air carburé auquel l'enveloppe intérieure en toile métallique assure un libre passage; on est resté complétement dans la découverte de M. Mille.

La lampe sans liquide, dans sa forme la plus simple, est représentée fig. 5. On y voit la double enveloppe, l'éponge, la mèche, le petit tube qui donne issue à la mèche. Si, rompant avec la routine des flammes supérieures, on s'était contenté de ménager au fond du récipient un tube de conduite ou de sortie du gaz, on aurait eu le gazo-lampe mobile de Mille approprié aux besoins de l'éclairage domestique. Substituer au tube une mèche aussi ancienne que le monde, ce n'est pas évidemment perdre les droits acquis par des brevets parfaitement en règle.

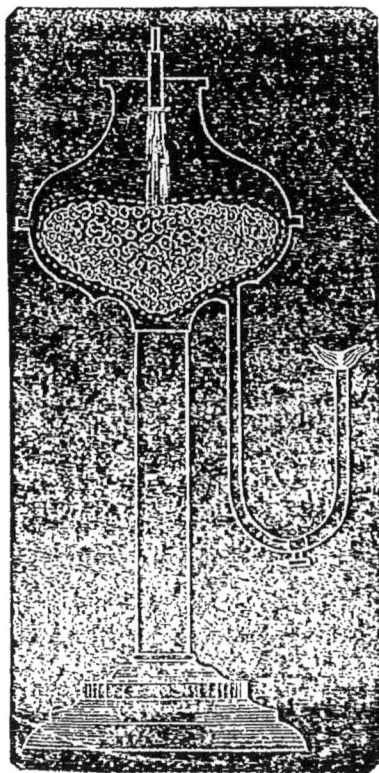

Fig. 5.

Aussi les fabricants, qui de leur côté avaient tenté cette modification du gazo-lampe, ne se faisaient aucune illusion; ils savaient qu'ils étaient sous le coup du brevet de Mille; ils se cachaient ou cherchaient par tous les moyens à obtenir des cences qu'on ne pouvait plus leur accorder.

On nous pardonnera d'avoir raconté brièvement l'histoire de la lampe sans liquide ou à gaz, quand on saura que pendant six longues années nous avons tout mis en œuvre pour conserver à M. Mille, qui n'était qu'un pauvre ouvrier mineur, la propriété et la gloire de la découverte qu'il a faite sous nos yeux, et presque dans notre cabinet de travail. Peut s'en est fallu, malgré tous nos efforts, que son nom n'allât prendre sa douloureuse place dans le martyrologe des inventeurs. Mais il triomphe enfin, ou il triomphera, et nous reproduisons avec bonheur l'article consacré à son exposition par le *Petit Moniteur universel*, du mercredi 22 mai.

« Imaginez-vous une lampe qui paraît brûler sans liquide, que l'on peut pencher, renverser même tout à fait, sans avoir à craindre de répandre son contenu. Elle n'est sujette à aucun danger d'explosion, et donne une lumière plus belle et plus éclairante que les huiles le mieux purifiées; sa durée est de quatre à seize heures, suivant l'intensité de lumière que l'on veut obtenir. Cette lampe s'allume instantanément, comme une flamme électrique ; elle s'éteint de même sans fumée, et ne dépense pas plus d'un centime par heure, en donnant une lumière équivalente à deux bougies.

« Tout cela peut paraître invraisemblable, et cependant rien n'est plus vrai. Il y a plus encore : la mèche de la lampe à gaz ne brûle pas, et, ne brûlant pas, elle dure indéfiniment. Son rôle est purement passif ; elle sert uniquement à conduire la matière combustible. Au moyen d'une disposition particulière du récipient, la lampe pourrait même brûler sans mèche, comme cela a lieu pour les grands appareils d'éclairage que M. Mille veut substituer à ceux qui fonctionnent avec le gaz ordinaire.

« Nous n'en avons pas fini avec ce petit appareil si utile : le liquide avec lequel on le charge, au lieu de tacher, peut servir à enlever sur toute étoffe les taches de corps gras, de peintures, etc., mieux que ne le feraient les benzines.

« Ce système de lampe, inventé par un simple ouvrier, repose sur le principe de la volatilisation des huiles essentielles. Pour offrir plus de surface à la volatilisation, l'inventeur a eu l'ingénieuse idée de garnir l'intérieur de ses lampes avec des morceaux d'éponge. On emplit le récipient de liquide, on en fait écouler tout ce que l'éponge n'a pas bu, on replace le bec et on peut allumer aussitôt. C'est d'une simplicité extrême.

« Ce système a été appliqué à toutes les espèces de lampes, depuis la lampe de cuisine jusqu'à celle de salon. Mais, ouvrier lui-même, ce que M. Mille a cherché et obtenu avant tout, c'est de mettre ses lampes à la portée des ouvriers ; nous avons vu des lampes de un franc fort propres et très-présentables. »

Un corps spongieux à l'intérieur, une mèche qui touche simplement l'éponge et sort par un tube supérieur ; une petite grille métallique entourant l'éponge pour laisser un libre passage à l'air, et pour son alimentation un liquide ni trop lourd, ni trop léger, intermédiaire entre les essences qui pèsent de 650 à 700 et les huiles d'éclairage qui pèsent de 800 à 850. Voilà les caractères distinctifs de la lampe à gaz ou sans liquide de M. Mille exploitée par MM. Leplay et Noel, 15, rue du Conservatoire. Ses avantages sont : une lumière plus belle, une économie de 80 pour cent sur les modes d'éclairage connus, une grande propreté, l'absence complète d'incendie ou d'explosion.

Nous ne dirons pas ici comment on la charge, comment on l'allume, comment on modère à son gré l'intensité et la durée de la flamme, en élevant ou abaissant le tube qui donne issue à la mèche ; comment on l'éteint ; les précautions à prendre pour que la mèche dure presque indéfiniment ; la multitude

2

de formes, de dimensions, de prix que MM. Leplay et Noël lui
ont donnés et lui donnent chaque jour pour réaliser tous les
éclairages possibles, pour satisfaire à tous les besoins imagi-
nables, lampes de luxe, de ménage, de cuisine, d'appartements, de voitures, de mines, de marine, de chemins de fer,
de ferme, etc.; bougies, briquets, mille objets de fantaisie. »
Ces messieurs sont encore dans la première année de leur fabrication ; et le nombre de leurs modèles dépasse déjà le nombre cent. Leurs premières lampes mignonnes avaient à peine
l'éclat d'une bonne bougie, et voici qu'ils livrent au commerce, en quantités énormes, des lampes de 2, 3, et 10 bougies;
à bec simple avec tube régulateur; à bec plat avec crémaillère; à bec plat avec crémaillère et courant d'air; à bec papillon; à bec à jets de gaz donnant la lumière de 5 à 6 bougies;
à bec rond donnant comme la lampe modérateur ou la lampe
Carcel, mais sans mécanisme aucun, la lumière de 6, 8 et 10
bougies, la lumière d'un bec de gaz, sans fumée, sans odeur,
sans charbonnage de la mèche, sans besoin de réparation, à
la seule condition d'être alimentées chaque matin d'essence
minérale ou gazoléine.

Jamais on ne vit une vogue comparable à celle des lampes
à pétrole sans liquides; les propriétaires légitimes des brevets
et les contrefacteurs en ont livré des centaines de mille, pour
ne pas dire des millions, et cela en moins d'une année.

II

ÉCLAIRAGE AU MAGNÉSIUM

Du magnésium. — Lampe Salomon pour la combustion du magnésium
en fils ou en lames. — Lampe Larkin pour la combustion du magnésium en poudre. — Applications de la lumière du magnésium.

1° Du magnésium.

Le magnésium, découvert en 1827, par M. Bussy, est un
des métaux les plus abondants de la nature. Il entre à l'état
de magnésie dans la composition du talc, de la serpentine,
de la pierre ollaire, de l'écume de mer, etc. ; il existe à l'état
de chlorure dans les eaux de l'Océan, dont on l'extrait, à l'aide
du sodium et du feu, pour le purifier ensuite par la volatilisation. Le magnésium est aussi blanc que l'argent, dont il
possède l'éclat; il pèse six fois moins, car sa densité est de
1,75, un peu plus grande que celle du verre. Pour l'obtenir
sous forme de fils, il faut le comprimer à l'aide d'une presse
hydraulique, dans un moule en acier chauffé, muni à sa partie inférieure d'une ouverture dont le diamètre soit celui du
fil que l'on veut obtenir. Le magnésium fond à peu près à la
même température que le zinc, vers 420°; il distille comme
lui aux environs de 1000°; il est comme lui inaltérable dans
l'air sec, à la température ordinaire, et se ternit au contact de

l'air humide. Chauffé au contact de l'air, il brûle avec une flamme très-brillante. Un fil d'un tiers de millimètre de diamètre répand en brûlant autant de lumière que 74 bougies ordinaires, du poids de 100 grammes chacune. Il faudrait brûler, pour entretenir cette vive lumière : pendant une minute, un fil de 0m,9 de longueur, pesant 12 centigrammes; pendant une heure, 72 grammes de magnésium. Dans l'oxygène, un gramme de magnésium produit un éclat égal à celui

Fig. 6.

de 110 bougies. En introduisant dans les fusées de guerre une forte proportion de magnésium en limaille, on a, aux Etats-Unis, éclairé les lignes ennemies sur une étendue de plus de

8 kilomètres. La lumière du magnésium pourra remplacer les lumières artificielles pour les expériences d'optique quand on aura perfectionné encore les lampes, d'ailleurs très-simples, à l'aide desquelles on l'a fait brûler jusqu'ici.

2° *Lampe Salomon.*

La lampe Salomon, perfectionnée par M. Leroux, de l'école polytechnique, est représentée fig. 6; nous devons ce cliché a l'obligeance de M. Greslé, 76, boulevard de Sébastopol, habile constructeur de lampes de tout genre. Le fil, conduit par deux

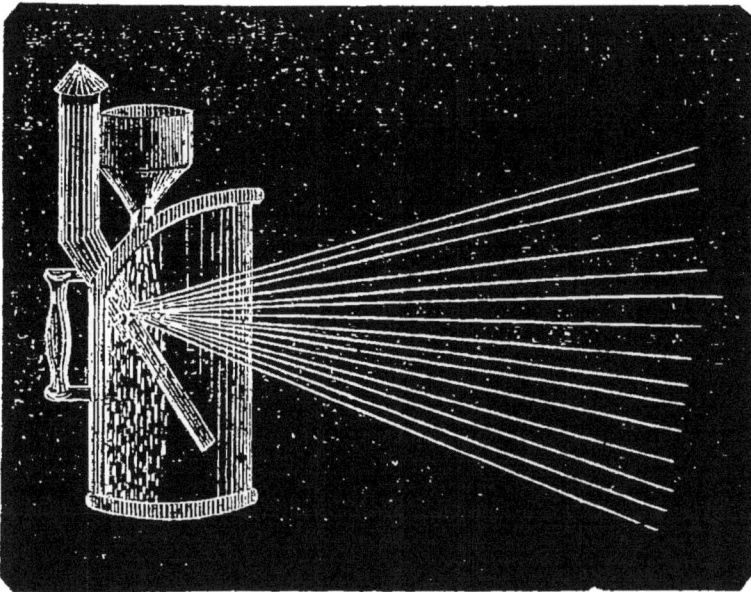

Fig. 7.

rouleaux qu'on fait tourner ę la main ou par un mouvement d'horlogerie, traverse un tube à l'extrémité duquel il sort; ont

2

l'allume avec une lampe à alcool ou un petit bec à gaz. La vitesse d'écoulement du fil est réglée à l'aide du volant R. On peut, pour avoir plus de lumière, tresser ensemble trois fils de magnésium, ou deux fils de magnésium avec un fil de zinc : celui-ci brûle mal seul, mais il brûle très-bien quand il est associé au magnésium. Analysée par le prisme, la lumière du magnésium montre des bandes vertes d'un très-grand éclat.

3° *Lampe Larkin* (fig. 7).

— M. Larkin a eu l'heureuse pensée de brûler le magnésium sous la forme de poudre, au lieu de le brûler sous forme de ruban ou de fil. Ses lampes, pour fonctionner, n'ont besoin ni d'un mouvement d'horlogerie, ni d'aucun moteur extérieur ou mécanique. La poudre métallique est contenue dans un grand réservoir, percé au fond d'un petit orifice par lequel la poudre tombe simplement comme le sable de nos sabliers. Pour pouvoir employer un orifice de diamètre suffisant, et pour faciliter l'écoulement constant de la poudre, on la mêle à une certaine quantité de sable fin ou d'une autre matière qui la divise, et l'on peut faire varier la proportion de poudre et de sable, selon la quantité de lumière que l'on veut avoir. En sortant de l'orifice du réservoir, le courant de poudre métallique et de sable tombe librement à travers un tube de métal, dans l'extrémité supérieure duquel on fait aussi descendre un petit courant de gaz ordinaire. Les courants mélangés de poudre et de gaz, s'écoulent ainsi de haut en bas dans le tube; ils sortent ensemble de son ouverture, où on les enflamme, et continuent de brûler avec une flamme brillante, tant que l'on maintient l'écoulement du gaz et du métal. Quand le métal est brûlé, le sable avec lequel il est mêlé tombe intact dans un vase qu'on lui a ménagé, tandis que la fumée est entraînée tout entière dans l'atmosphère par un tuyau servant de cheminée.

Immédiatement au-dessous de l'orifice du réservoir, il y a une soupape pour régler la quantité de poudre qui tombe ou en arrêter tout à fait l'écoulement. Cette soupape s'ouvre et se ferme à volonté. Quand on veut allumer la lampe, on fait sortir un petit jet de gaz, à l'ouverture du tube; on l'enflamme, et on peut le laisser brûler jusqu'au moment où l'on a besoin de la lumière du magnésium. Quand ce moment est venu, on laisse arriver la poudre qui descend et s'enflamme aussitôt qu'elle traverse le gaz allumé.

Cette action de faire écouler la poudre métallique ou d'en interrompre l'écoulement, peut être répétée sans arrêter le courant du gaz, aussi souvent et aussi rapidement qu'on le désire; de sorte que, en outre des applications ordinaires que l'on peut faire de ces lampes, elles peuvent encore servir à produire une lumière momentanée ou intermittente d'un grand éclat, qui convient très-bien pour les signaux télégraphiques ou pour les phares : ces effets intermittents peuvent être obtenus d'une manière simple, et sans la moindre perte de métal.

4° *Application de la lumière au magnésium.*

La lumière du magnésium a reçu une application qui la rendra à jamais célèbre, M. Piazzi-Smith, astronome royal d'Écosse, l'a fait servir à l'éclairage de l'intérieur de la grande pyramide, pour pouvoir photographier les particularités les plus intéressantes de cet antique monument, les étudier et les mesurer. Nous signalerons entre autres la série de photographies du célèbre coffre de granit de la chambre royale, qui serait une mesure de capacité contenant 1 162^{litres},724 ou, avec une exactitude presque mathématique, quatre quarters anglais.

La lumière du magnésium est déjà très-populaire en Amérique. La lampe qui sert à le brûler éclaire pendant une heure et demie ou deux heures, et sa consommation est de moins de 30 grammes. La fumée est écartée par un moyen mécanique. Le magnésium est fabriqué à Boston, sur une très-grande échelle.

On annonçait tout récemment que l'on avait fait une commande considérable de magnésium en lames et en poudre pour éclairer la marche et les opérations de l'expédition anglaise d'Abyssinie.

Les lampes vendues en nombre assez grand déjà, par M. Greslé, servent à la photographie.

III

ÉCLAIRAGE AU GAZ OXHYDROGÈNE

Rôle de l'oxygène dans l'éclairage au gaz. — Production industrielle du gaz oxygène. — Diverses manières de faire servir le gaz oxygène à l'éclairage. — Lumière Drummond. — Lumière Carlevaris. — — Lumière Tessié du Motay. — Lampe Rousseau.

1° Utilité de l'oxygène dans l'éclairage au gaz.

Des expériences positives prouvent que la consommation de deux mètres cubes de gaz d'éclairage ordinaire, et d'un mètre cube d'oxygène pur, donne la même quantité de lumière qu'une consommation de 16 mètres cubes de gaz brûlés par l'air atmosphérique. Or, 16 mètres cubes de gaz, au prix de 30 centimes le mètre cube, coûtent à Paris 4 fr. 80. Si le prix de l'oxygène tombe un jour à 50 centimes le mètre cube, comme le promettent les procédés d'extraction de MM. Tessié du Motay et Maréchal, deux mètres cubes de gaz et un mètre cube d'oxygène coûteraient 1 fr. 10 c. L'économie réalisée par l'emploi de l'oxygène serait donc de 3 fr. 70 c., ou de plus de 50 pour 100. En outre, par cela même que la quantité du combustible, gaz ou huile, est huit fois moindre, et que le comburant, l'oxygène, est éminemment respirable, le nouvel éclairage serait beaucoup plus salubre que l'ancien. La sécurité aussi sera plus grande en ce sens que le danger d'explosion sera, comme le volume du gaz employé, huit fois moindre. La quantité de chaleur dégagée dans la pièce où les nouveaux becs brûleront sera à son tour huit fois plus petite ; son atmosphère restera par conséquent plus fraîche, en même temps que moins viciée. La lumière née du gaz d'éclairage brûlé par l'oxygène est en outre plus homogène, plus agréable à la vue, quoique très-vive ; plus blanche aussi, elle ne modifiera pas les couleurs ; enfin, le nombre des becs pourra être diminué dans une proportion considérable ; car un bec ordinaire, alimenté par l'oxygène, permet de lire à 18 mètres de distance. Nous le croyons, l'éclairage à l'oxygène, s'emparera certainement un jour, non pas seulement des édifices, mais des places publiques, des phares des navires, etc. Voici quelques-unes des expériences que M. Archereau, à qui nous avons emprunté les nombres qui précèdent, réalisa sous nos yeux.

Il faisait arriver de l'oxygène au centre d'un bec alimenté par du gaz, de l'huile, du pétrole ou tout autre corps servant à l'éclairage, et cela, au moyen d'un petit tube percé de trois ou quatre trous : puis, ayant allumé le bec ordinaire, il ouvrait le robinet du tuyau adducteur de l'oxygène et la lumière augmentait dans une proportion extraordinaire. Un bec de gaz ainsi combiné donnait une magnifique lumière, auprès de laquelle la flamme d'une bougie paraît rousse et fuligineuse ; le gaz ordinaire lui-même perdait tout son son éclat et sa flamme faisait ombre.

Si l'on amenait au centre du brûleur de l'oxygène en excès

l'intensité lumineuse de la flamme disparaissait aussitôt, elle devenait d'un bleu très-pâle ; en même temps son intensité calorique acquiérait une puissance énorme ; nous avons vu fondre instantanément un fil d'acier avec un vif éclat, accompagné d'innombrables étincelles ; la chaux, mise en contact avec cette flamme, a répandu une lumière éblouissante, c'était la lumière connue dans les laboratoires de physique sous le nom de lumière de Drummond, avec la même pureté, le même éclat, moins le danger d'explosion, le mélange des gaz ne se produisant qu'au point lumineux. On pouvait également souder de la porcelaine et filer du grès à la chaleur de cette flamme sans éclat, tant il est vrai que la plus grande somme de chaleur n'est pas la conséquence de la plus grande somme de lumière. Un fil double de magnésium, porté à l'état d'incandescence et plongé dans une cloche remplie d'oxygène, acquérait une puissance lumineuse vraiment extraordinaire. M. Archereau a calculé que, pour obtenir une lumière égale à celle de tous les becs à gaz de Paris réunis, il suffirait de brûler quinze cents kilogrammes de magnésium dans sept cents mètres cubes de gaz oxygène. Un bec alimenté par le gaz ordinaire et le gaz oxygène en même temps, et subitement plongé dans un vase rempli d'eau, se maintient allumé pendant tout le temps de l'immersion.

2° *Production industrielle de l'oxygène.*

Un des plus grands problèmes à l'ordre du jour, depuis longtemps déjà, est la production abondante et économique du gaz oxygène, l'agent principal de la combustion, appelé à renouveler les grandes industries de l'éclairage, de la métallurgie, des arts chimiques, etc. Or, depuis deux mois, dans le laboratoire international du Champ-de-Mars, chacun a pu voir l'oxygène sortir, par mètres cubes, à un prix relativement très-bas, d'appareils aussi simples que peu coûteux.

Il s'agissait d'extraire l'oxygène de l'air qui en contient 21 pour cent de son volume. L'expérience de Lavoisier, l'absorption de l'oxygène de l'air par le mercure, fut une première solution du problème. M. Boussingault l'a rendue un peu plus pratique en substituant la baryte au mercure : il fait passer un courant d'air sur de la baryte chauffée au rouge sombre dans un tube de porcelaine ; l'oxygène absorbé par la baryte passe à l'état de bioxyde de barium, et l'azote est mis en liberté ; quand la baryte est saturée d'oxygène, on porte la température du tube de porcelaine au rouge clair, le bioxyde de barium se décompose en oxygène qui se dégage, et en baryte qui servira à une nouvelle opération :

Le grand inconvénient de ce procédé est sa lenteur.

M. Archereau a longtemps et beaucoup compté, pour la production économique du gaz oxygène, sur le procédé perfectionné de la décomposition de l'acide sulfurique par la chaleur, au sein d'appareils spéciaux combinés et brevetés par lui. Le résultat de cette décomposition est un mélange d'oxygène et d'acide sulfureux ; on séparerait l'acide sulfureux soit par l'absorption chimique, soit par la compression, avec refroidissement des deux gaz, pour opérer la liquéfaction de l'acide sulfureux seul, lequel s'écoulerait alors par un robinet de purge placé à la partie inférieure du récipient. Cet acide sulfureux serait repris en outre pour être converti de nouveau et indéfiniment en acide sulfurique dans des chambres de plomb. Avec 11^k,50 d'acide sulfurique, à 60 degrés, on produirait 1 mètre cube de gaz oxygène ; la conversion en acide sulfurique de l'acide sulfureux séparé par condensation coûterait environ

25 centimes, et le prix du mètre cube de gaz oxygène ainsi produit, qui ne dépasserait en aucun cas 85 centimes pourrait descendre, dans des conditions choisies à 50 centimes.

Nous regrettons de ne pas savoir jusqu'à quel point M. Archereau a réussi dans la pratique de son procédé.

Arrivons à l'extraction par les manganates.

Les manganates et les permanganates alcalins abandonnent une partie de leur oxygène à la température de 450° environ. Lorsqu'on les met en présence d'un courant de vapeur d'eau, il se produit du sesquioxyde de manganèse et de la potasse ou de la soude hydratées.

Le mélange de potasse ou de soude et de sesquioxyde de manganèse ainsi généré se réoxyde lorsqu'on l'expose à l'action d'un courant d'air à la température du rouge naissant et reproduit des manganates alcalins.

Cela étant, pour générer de l'oxygène au moyen du gaz atmosphérique, on place dans une ou plusieurs cornues, un mélange à équivalents égaux de peroxyde ou de sesquioxyde de manganèse et de base alcaline, et on suroxyde ce mélange au moyen d'un courant d'air aspiré et foulé par une voie mécanique, ou appelé par une cheminée faisant office d'appareil aspirateur. Le mélange est transformé en quelques heures, soit en permanganate de potasse, soit en permanganate de soude.

Le permanganate de potasse ou de soude est ensuite désoxydé au moyen d'un jet de vapeur d'eau soit dans les cornues mêmes où il s'est produit, soit dans d'autres cornues disposées à cet effet. L'oxygène et la vapeur, au sortir des cornues, passent dans un condenseur. La vapeur se liquéfie et l'oxygène se rend dans un gazomètre où il est recueilli.

Lorsque tout l'oxygène utilisable contenu dans le manganate a été dégagé par l'action de la vapeur d'eau, l'opération de la suroxydation par le courant d'air est recommencée *et vice versá.* La production de l'oxygène se continue ainsi par voie d'alternance d'une façon indéfinie.

Dans les expériences du laboratoire de l'exposition universelle, cinquante kilogrammes de manganate de soude ont donné de 400 à 450 litres d'oxygène à l'heure, même après quatre-vingt réoxydations successives, et quoiqu'on ne les eût pas débarrassés de l'acide carbonique dont ils s'engorgent peu à peu. Ajoutons que M. Tessié du Motay a si bien perfectionné la fabrication en grand du manganate de soude qu'il est presque certain de pouvoir le livrer au commerce et à l'industrie au prix de 30 à 40 centimes le kilogramme.

3° *Préparation industrielle de l'hydrogène.*

Un premier procédé, déjà essayé plusieurs fois, mais grandement perfectionné par M. Henry Giffard, consiste dans la décomposition de la vapeur d'eau par le coke incandescent.

L'installation que nous allons décrire a eu pour but d'engendrer l'hydrogène pur qui doit remplir le ballon captif de l'avenue Suffren, n° 40.

Le gaz est produit dans une sorte de fournaise chargée, à sa partie postérieure, de coke lavé, et divisée, par des pierres réfractaires, à sa partie antérieure, en un grand nombre de canaux que traversent les gaz. Quand le feu est bien allumé, les parois de ces canaux sont portées au rouge, et le coke est également rouge dans toute son épaisseur qui est peu considérable. Alors on ferme la cheminée et le cendrier, et un jet de vapeur est lancé au-dessus du coke. En traversant la masse de coke, la vapeur se décompose, l'oxygène s'unit au charbon en le transformant en oxyde de carbone, et l'hydrogène se trouve mis en liberté.

Au sommet de la chaudière arrivent neuf petits jets de vapeur qui lèchent le charbon, et entraînent, en se mêlant avec eux, l'hydrogène et l'oxyde de carbone jusque dans les canaux fortement chauffés, où a lieu une nouvelle réaction. L'oxyde de carbone se suroxyde aux dépens de la vapeur et se transforme en acide carbonique, pendant qu'une quantité d'hydrogène égale à la précédente est mise en liberté.

A sa sortie, le gaz de la fournaise génératrice est nécessairement chargé de beaucoup de vapeur d'eau; aussi passe-t-il dans des tubes entourés d'eau froide constamment renouvelée qui condense la plus grande partie de cette vapeur ; l'eau de condensation tombe au fond d'une espèce de chaudière tubulaire verticale, transformée en réfrigérateur, et un robinet de vidange permet de s'en débarrasser. Le gaz pénètre enfin dans un épurateur à la chaux, où il se dessèche et se débarrasse de l'acide carbonique avant d'arriver au ballon.

L'épurateur est une vaste caisse de forte tôle, percée à la partie supérieure d'un trou d'homme fermant à vis, destiné à l'introduction de la chaux vive, et munie, dans le bas, d'une grille, sur laquelle repose la chaux, et au-desssous de laquelle arrive le gaz. Un peu au-dessus de la grille sont des plaques mobiles susceptibles de tourner sur leur axe. Dans l'état ordinaire, elles sont placées verticalement sur leur tranche, et le gaz passe entre leurs interstices comme à travers une jalousie.

Mais quand la partie inférieure de la chaux est épuisée, on tourne horizontalement les plaques ; elles forment alors un plancher sur lequel porte la chaux encore caustique. Alors sans avoir à craindre l'affaissement de la chaux de bonne qualité, on peut avec un ringard enlever les résidus de l'opération qui remplissent l'espace compris entre la grille et les plaques mobiles.

La production du gaz est intermittente. Quand la vapeur en partie éteint le coke et refroidi les canaux de pierre réfractaire, on arrête l'admission de vapeur, on ouvre le cendrier et la cheminée, on met en jeu l'un ou l'autre des souffleurs, et on attend que le feu ait repris toute sa vivacité pour recommencer la fabrication du gaz.

On ne peut faire à ce procédé qu'une seule objection grave que la pratique résoudra, nous l'espérons du moins. Elle consiste dans ce fait que l'oxyde de carbone ne décompose la vapeur d'eau qu'à la température à laquelle l'acide carbonique régénéré est lui-même décomposé par l'hydrogène en oxyde de carbone et en vapeur d'eau. S'il en est ainsi, cet oxyde ne pourrait jamais être complétement converti en acide carbonique, et l'on tournerait dans un cercle vicieux.

A cette occasion, donnons au moins une idée de l'expérience grandiose du ballon captif que notre ami M. Henry Giffard a voulu réaliser au prix de 150 000 fr. Le diamètre du ballon est de 21 mètres, son volume de 5 000 mètres cubes; on le remplit d'hydrogène pur. L'enveloppe est formée de deux tissus l'un de lin et d'une résistance extrême, l'autre de coton, unis par un enduit de caoutchouc américain; elle est pénétrée, en outre, d'un mélange liquide de gomme-laque et d'huile de lin, pour empêcher, et l'on a réussi, la diffusion du gaz hydrogène. Le ballon avec les agrés, cordage, nacelle, pèse environ 1 500 kilogrammes; sa force ascensionnelle efficace est de 4 500 kilogrammes, chiffre énorme. Il est retenu par un câble long de 500 mètres, qui s'enroule et se déroule sans secousse, avec la plus grande régularité. La tension du câble est sans cesse mesurée, et l'on s'arrête dès qu'elle atteint le dixième de l'effort qui déterminerait sa rupture. Les deux mille personnes qui ont déjà fait l'ascension s'accordent à dire qu'on n'éprouve aucun vertige.

M. Tessié du Motay a très-heureusement imaginé une méthode fort simple, qui réussit admirablement dans la pratique et qui est presque aussi économique. Elle consiste essentiellement à chauffer dans des cornues en fonte ou en terre, à la chaleur du rouge clair, un mélange d'hydrate de chaux et de charbon. Tous les composés minéraux et végétaux contenant du carbone en excès, les lignites, les anthracites, les houilles maigres, les tourbes, le bois, etc., etc., sont décomposés par l'eau de combinaison de l'hydrate de chaux en acide carbonique, tandis que l'hydrogène est mis à nu et se dégage à l'état pur. On sépare l'acide carbonique en le faisant absorber par un lait de chaux, ou en le faisant servir à la transformation d'un carbonate alcalin en bicarbonate qui serait utilisé dans la fabrication des eaux gazeuses artificielles. La production de l'hydrogène par cette méthode a ceci de remarquable, qu'il s'engendre à la température ordinaire de la distillation des houilles et qu'il n'est accompagné d'aucune formation sensible d'oxyde de carbone. Le gaz hydrogène est donc presque chimiquement pur quand on a enlevé l'acide carbonique. Le prix de revient est aussi très-peu élevé. Dans le plus grand nombre des cas, il est moindre que celui du gaz d'éclairage.

4° Mode d'emploi de l'oxygène et de l'hydrogène dans l'éclairage.

Un officier de la marine anglaise, M. Drummond, eut le premier l'idée de projeter sur un bâton de craie ou de chaux un jet enflammé de gaz oxygène et hydrogène mélangés dans la proportion d'un volume d'oxygène et de deux volumes d'hydrogène. Il obtint ainsi la lumière très-vive qui porte son nom, et qui tient le troisième rang après la lumière solaire et la lumière électrique. Elle naît du mouvement vibratoire extrêmement intense communiqué aux molécules ou aux atomes de la chaux par les vibrations aussi très-énergiques qui constituent la chaleur énorme du jet oxhydrogène enflammé. Ce mode d'éclairage, très-employé pour projeter les images de la lanterne magique ou du microscope, a reçu quelques perfectionnements de détails qui le rendent un peu plus pratique, mais l'emploi des crayons de chaux est toujours assez pénible; ils éclatent souvent, surtout dans l'acte de refroidissement, et ne peuvent pas résister assez longtemps pour le service régulier et continu d'une nuit ordinaire.

M. Carlevaris, professeur de chimie d'abord à Gênes, puis à Turin, a substitué assez heureusement le chlorure de magnésium à la chaux. Au sommet d'un prisme triangulaire taillé dans un morceau de charbon de cornue il installait un morceau gros comme une fève de chlorure de magnésium. Le jet enflammé, en tombant sur le chlorure, se décomposait très-promptement, et l'on voyait jaillir tout à coup une lumière blanche, fixe, continue, très-intense. Déjà avec un simple mélange d'air et d'hydrogène, ou d'air et de gaz d'éclairage, on obtenait une lumière cinq ou six fois supérieure en intensité à celle d'un bec de gaz. En faisant brûler un petit jet de gaz d'éclairage par un mélange de 60 pour cent d'air et 40 pour cent d'oxygène, et dépensant par heure 50 litres de gaz d'éclairage, 100 litres d'air oxygène, on éclairait à giorno un très-vaste laboratoire. Cette lumière était en outre assez photogénique pour produire en 20 secondes, avec l'appareil à agrandissement de M. Van Monckhoven, des images grandes comme nature. Les lampes de M. Carlevaris sont très-simples et très-pratiques; les deux gaz arrivent séparés par des becs à doubles parois concentriques.

Plus tard, M. Carlevaris a substitué au chlorure de magnésium, un mélange de chlorure de magnésium et de magnésie

dans des proportions convenables. Il comprimait son mélange et lui donnait la forme de lamelles plates, qui avaient
l'avantage, en devenant poreuses par la décomposition du
chlorure, de s'illuminer sur toute leur surface et dans leur
intérieur, en devenant transparentes, de sorte qu'elles répan-
daient leur lumière dans tous les sens et ne faisaient pas
ombre comme la chaux. Pour l'éclairage ordinaire des habi-
tations et des instruments d'optique ou de photographie, on
n'employait qu'une seule lame avec un seul bec; mais pour
l'éclairage en grand, pour les essais d'éclairage des phares,
par exemple, on dressait verticalement au sommet de la
lampe un certain nombre de lames, de manière à former un
cylindre, et l'on faisait tomber sur ces lames les jets enflam-
més d'un certain nombre de becs. On obtenait ainsi des
cylindres de lumière analogues à ceux des lampes à mèches
concentriques de Fresnel, mais incomparablement plus in-
tenses : ce mode d'éclairage par des lames illuminées de magnésie était très-curieux à voir. Il séduisit tout d'abord,
MM. Tessié du Motay et Maréchal, qui poursuivaient depuis
longtemps déjà le problème de l'éclairage public au gaz
oxhydrogène. Mais des essais plus assidus et plus nombreux
leur prouvèrent bientôt que les lames ou lamelles de M. Carlevaris ne faisaient pas un service assez long et assez sûr; elles
éclataient souvent, surtout après leur extinction. Ils essayè-
rent donc de les remplacer par des disques en magnésie
pure ou en magnésie mêlée de chlorure de magnésium,
qu'ils moulaient sous une très-forte pression dans des moules
en acier. Ces disques illuminés par le jet enflammé faisaient
un effet magique, on aurait dit de petits soleils ; mais ils
duraient à peine une soirée, et se brisaient au moment où
l'on y pensait le moins. Aidés des conseils et de l'expérience
de M. le capitaine Caron, directeur du laboraroire du comité

d'artillerie, ces messieurs ont enfin réussi à fabriquer avec un mélange de magnésie, de charbon, et d'autres substances dont nous garderons le secret, des crayons cylindriques qui ne laissent plus rien à désirer. Illuminés par trois jets de gaz oxhydrogène, ils deviennent de vrais cylindres de feu éblouissant, et qui ont continué d'éclairer pendant une semaine et plus. Ce sont ces cylindres qui serviront définitivement à l'éclairage. de l'hôtel et de la place de l'Hôtel-de-Ville, dans la grande expérience d'hiver, dont M. le préfet de la Seine a bien voulu prendre l'initiative. A l'heure qu'il est, les caves de la maison municipale sont transformées en laboratoires de chimie, où l'on préparera en grand l'oxygène et l'hydrogène nécessaires au service de chaque nuit, et dans quinze jours ou trois semaines au plus, la lumière Drummond perfectionnée aura brillé de tout son éclat.

Nous n'entrerons dans aucun détail sur le mode de canalisation et de distribution des deux gaz, toujours parfaitement isolés l'un de l'autre jusqu'au moment où ils sortent, pour se brûler, des deux zones concentriques du bec effilé en pointe. Peut-être que comme en Amérique, où la lumière Drummond a joué un très-grand rôle, pendant la guerre surtout, on comprimera l'un des gaz, le gaz oxygène, ou les deux gaz, au sein de récipients analogues aux cloches du gaz d'éclairage à domicile, pour l'apporter soit dans l'intérieur de l'édifice à éclairer, soit même au pied du candélabre. Ce sont là des détails d'exécution qui ne sont pas de notre compétence. La quantité d'oxygène comprimé à dix ou quinze atmosphères, employé, pendant le siége de Charlestown par exemple, à éclairer les fortifications et le port, a été vraiment énorme.

N'oublions pas de dire qu'il y a vingt ans déjà, M. Émile Rousseau avait eu l'heureuse idée d'alimenter d'oxygène, au lieu d'air, une simple lampe modérateur, et qu'il avait vu la lumière de la lampe devenir plus intense, dans le rapport de cinq ou six à un. Mais à cette époque et jusque dans ces derniers temps, la préparation de l'oxygène était difficile et chère, et la lampe Rousseau n'a pas eu le succès qu'elle aura certainement dans l'avenir. Les lampes à pétrole ou même à huile lourde pour l'éclairage des ateliers, des communes et des gares de chemins de fer recevront une augmentation notable d'éclat de l'alimentation par l'oxygène.

L'oxygène prendra aussi la place de l'air dans la production et la combustion des vapeurs de pétrole du gaz Mille, etc.

Il y a longtemps, enfin, que M. Archereau d'une part, M. Marc-Antoine Gaudin d'autre part, nous ont entretenu d'un projet d'éclairage au carbone pur brûlé par l'oxygène. Tout le monde sait combien est brillante la lumière du charbon que l'on fait brûler dans un ballon plein d'oxygène. Il s'agirait de substituer au petit morceau de charbon de cette expérience de chimie, des sphères de charbon d'un certain volume, que le jet d'oxygène maintiendrait incandescentes. Il nous tarde de voir ces beaux projets se réaliser ; en attendant, nous serons curieux d'apprendre ce que donnerait de lumière la poudre de charbon de cornue ou autre brûlée, comme dans la lampe de Larkin, par un jet de gaz oxhydrogène.

Nous ne sommes encore qu'à l'entrée de la carrière, mais l'horizon s'étendra de plus en plus très-prochainement et très-rapidement.

Les annonces de notre conférence sur l'éclairage au gaz oxhydrogène, de la formation d'une grande compagnie financière pour son exploitation, et des expériences de l'Hôtel-de-Ville avaient jeté l'émoi dans le monde de la *Compagnie parisienne*. Pour rassurer les actionnaires effrayés, M. Émile Durand s'est empressé, dans le journal *le Gaz*, du 31 octobre, de discuter l'hercule encore au berceau, enveloppé de langes

3.

épais qui cachent complétement ses formes. Il ne sait rien des combinaisons de MM. Tessié du Motay et Maréchal, de leurs modes d'emploi de l'oxygène ; il ne parle même qu'en finissant d'une des particularités principales de leur découverte, et , pour dire, sans plus de façon, que c'est encore du *vieux-neuf*. N'importe, cet article écrit au hasard, sera distribué au nombre de *huit mille exemplaires*, aux adversaires craintifs de l'oxygène. Nous ne le discuterons pas, nous ne ferons pas ressortir ce qu'il a d'étrange sous la plume d'un écho du progrès. Mais nous dirons nettement à la *Compagnie parisienne* qu'elle eût été bien mieux inspirée si, dans ses communiqués ou ses plaidoiries, elle s'était bornée à cette simple déclaration : « Si l'introduction de l'oxygène dans l'éclairage est un progrès réel, nous nous y associerons, nous le ferons nôtre, en l'ache-·tant à sa juste valeur au profit de nos actionnaires, ne fût-ce qu'afin de l'enterrer ou de l'ajourner assez pour que la concurrence ne nous soit pas fatale. »

Par compensation, ce même numéro du journal *le Gaz* contenait un article très-favorable au régulateur de la pression de M. Giroud. Ce qui devrait désespérer les actionnaires, c'est de voir que la Compagnie n'adopte pas cet excellent appareil qui conjurerait tant de pertes et procurerait de si grands bénéfices.

Apprenons, avant de terminer, à ceux qui voudront faire usage du gaz oxygène pour l'éclairage, le chauffage ou l'inhalation qu'ils pourront désormais substituer aux sacs en caoutchouc si chers et si altérables les sacs en toile double caoutchouquée de M. Galibert, 111, boulevard de Sébastopol, avec laquelle il construit son appareil respiratoire, une des découvertes les plus bienfaisantes des temps modernes.

IV

ÉCLAIRAGE A LA LUMIÈRE- ÉLECTRIQUE.

Lumière électrique en général, — Génération de la lumière électrique par la machine magnéto-électrique de la Compagnie l'*Alliance*. — Par la machine magnéto-électrique et électro-magnétique de M. Wilde. — Par la machine dynamo-électrique de M. Ladd. — Régulateur de lumière électrique. — Régulateur Serrin. — Régulateur Foucault. — Condenseur de lumière. — Lampe de nuit.

1° *Lumière électrique.*

La lumière électrique que l'on connaîtra surabondamment quand on aura lu ces pages naît entre deux pointes de charbon très-denses, de charbon de cornue par exemple, devenues les deux pôles d'une puissante source de courant électrique, d'une pile de Bunsen ou de Grove, ou d'une machine magnéto-électrique. Fortement chauffées par le courant, en raison de la résistance qu'il trouve dans son passage à travers leur substance, les deux pointes de charbon sont le siége du mouvement vibratoire très-intense qui constitue la lumière éblouissante qu'elles émettent.

La lumière électrique n'est donc pas l'effet ou le résultat d'une combustion, et la preuve c'est qu'elle se produit au sein du vide, au sein d'un gaz non combustible, l'acide carbonique ou l'azote, et même au sein de l'eau, dont sa chaleur dissocie les éléments, oxygène et hydrogène.

Fig. 7.

Elle naît surtout au pôle négatif; le courant va du pôle positif au pôle négatif, emportant avec lui des particules du charbon positif qui se creuse, et les reportant au charbon négatif qui augmente passagèrement de volume.

La lumière électrique jouit des mêmes propriétés chimiques que la lumière solaire : elle détermine la combinaison d'un mélange de chlore et d'hydrogène, agit chimiquement sur le chlorure d'argent, et, appliquée à la photographie, donne de magnifiques épreuves, remarquables par la chaleur des tons. La matière verte des végétaux se développe sous son influence, de même que sous celle de la lumière solaire. Transmise au travers d'un prisme, elle donne un spectre qui serait continu si les charbons étaient rigoureusement purs.

Quant à son intensité, M. Bunsen, qui expérimentait avec 48 couples de sa pile, et éloignait les charbons de 7 millimètres, à trouvé qu'elle équivalait à celle de 720 bougies.

En représentant par 1000 l'intensité de la lumière solaire à midi, MM. Fizeau et Foucault ont trouvé que celle de la lumière de 46 couples de Bunsen (charbon intérieur) était représentée par 235.

2° *Génération de la lumière électrique, par la machine magnéto-électrique de la compagnie l'Alliance.*

Cette machine a pour fonction de faire naître, de recueillir, de constituer à l'état de courant sensiblement continu, pour l'appliquer industriellement, l'électricité née de l'induction magnétique ou de l'influence exercée par les aimants sur les corps conducteurs qui entrent momentanément dans leur sphère d'action.

Fondée sur le principe découvert par l'immortel Faraday, elle a son individualité propre, et tant par les modifications

Fig. 8.

profondes apportées à sa construction que par ses dimensions gigantesques, par sa destination à la grande industrie, par les résultats inespérés qu'elle a donnés, elle a pu constituer un titre de possession certaine et légitime.

Conçue par M. Nollet, professeur de physique à l'école militaire de Bruxelles, et devenue la propriété de la compagnie l'Alliance, dont le directeur est M. Auguste Berlioz, elle a été incessamment perfectionnée depuis dix ans par M. Joseph van Malderen, que la compagnie l'Alliance s'est attaché en qualité de contre-maître ingénieur. Les hommes compétents qui voudront bien l'étudier attentivement dans son ensemble, dans ses détails, dans son fonctionnement, reconnaîtront infailliblement qu'elle a atteint un degré de perfection et d'efficacité vraiment extraordinaire, et qu'elle est la solution la plus complète, la plus excellente du problème capital de la production à bon marché de l'électricité ou des courants électriques.

La figure 1 montre la machine en fonction, ou engendrant, entre les deux pointes de charbon du régulateur de la lampe électrique, la plus vive des lumières que le génie de l'homme ait pu faire jaillir, et faire presque entrer en lutte avec la lumière solaire, dont elle est une partie aliquote très-comparable, un *quarantième* environ.

Elle se compose essentiellement d'un bâti en fonte de $1^m,20$ de hauteur, de $1^m,50$ de longueur. Les deux faces latérales et quasi-circulaires du bâti sont partagées en huit parties, formant une sorte d'octogone ; huit barres horizontales, fixées aux sommets virtuels des octogones, soutiennent cinq séries parallèles de huit faisceaux aimantés, ou aimants composés très-puissants, convergeant toutes vers l'axe central du bâti. Les aimants des deux séries extérieures, à droite et à gauche, qui n'auront à faire naître qu'une seule induction, sont formés seulement de trois lames courbées en fer à cheval et superposées ; les aimants des trois séries intérieures, qui devront faire naître une double induction sont formés de six lames. *L'élément inducteur* de la machine se compose donc, dans sa totalité, de 40 aimants très-énergiques, pesant en moyenne 20 kilogrammes, capables de porter quatre fois leur poids, ou environ 80 kilogrammes, et disposés de telle manière que les pôles les plus voisins ou qui se regardent immédiatement dans le sens horizontal, comme dans le sens ou plan vertical, soient de noms contraires.

Ces cinq séries octogonales de faisceaux aimantés laissent entre elles quatre intervalles équidistants, occupés par des disques, rouleaux ou cylindres aplatis, en bronze. Ces disques ou rouleaux, solidement fixés à l'axe central du bâti qui les traverse à leur centre, et sert d'axe de rotation au système, portent sur leur circonférence, ou contour extérieur, seize bobines d'induction, autant qu'il y a de pôles dans chaque série verticale de faisceaux aimantés ; de sorte que *l'élément induit ou à induire* est formé de 64 *bobines* tournant toutes avec l'axe horizontal du bâti, et subissant chacune dans chaque révolution l'influence de 16 pôles alternativement de noms contraires.

Chaque bobine est formée d'un tube en fer doux, de 5 à 6 millimètres d'épaisseur, de 40 millimètres de diamètre, de 96 millimètres de longueur, fendu sur toute sa longueur, ou suivant une des arêtes, pour qu'il puisse perdre plus rapidement l'aimantation par l'influence qu'il acquiert dans son passage devant les aimants. Sur ce tube sont enroulés 8 fils de cuivre, d'un millimètre de diamètre, de 15 mètres de longueur chacun, d'où il résulte que la longueur totale des fils enroulés sur la bobine est de 128 mètres, pesant 1 kil. 50. Les fils en cuivre des bobines, recouverts de coton, sont isolés par du bitume de Judée dissous dans de l'essence de térébenthine. L'ensem-

ble des fils, ou la somme des longueurs envahies par l'électricité née de l'action inductrice des aimants, est de 2 038 mètres. Sur toutes les bobines, les fils sont enroulés dans le
même sens. La machine fait 350 tours par minute en
moyenne : c'est la vitesse qui donne le maximum d'intensité
élec'rique ; chaque bobine, à chaque passage devant le pôle
d'un aimant, reçoit un double courant, courant direct lorsqu'elle s'approche du pôle, courant inverse lorsqu'elle s'en
éloigne ; elle devient ainsi par minute le siège ou le lieu de
circulation de 10 000 courants alternatifs. En réalité, chaque
bobine peut être considérée comme étant un élément de pile
d'intensité au moins égale, avec la vitesse de 350 où 400 tours,
à celle d'un élément Bunsen, de sorte que la machine magnéto-électrique à quatre disques équivaut à une pile de Bunsen de 64 éléments, de moyenne grandeur.

On fait communiquer toutes les extrémités positives avec
l'axe central de la machine, toutes les extrémités négatives
avec un manchon métallique fixé sur l'axe, mais isolé de
l'axe. On met en outre l'axe et le manchon en communication par deux gros fils avec deux tiges courtes et de gros diamètre appelées *bornes*, implantées sur le bâti, et auxquelles
arrivent incessamment les électricités de noms contraires en-
gendrées par la machine. Ces deux bornes forment comme les
deux pôles de la pile magnéto-électrique ; elles sont percées
de trous dans lesquels s'engagent ou sont fixés par des vis de
pression les gros fils conducteurs qui vont aboutir, soit aux
charbons de la lampe électrique, soit au bain électro-galva-
nique. Par le jeu même de la machine, ainsi que nous l'avons
expliqué, l'électricité recueillie par les deux bornes est alternativement de noms contraires, négative et positive, de sorte
que le courant qu'elle engendre change sans cesse de direction, est tour à tour direct et inverse, ou que chaque borne

est tour à tour pôle positif et pôle négatif. L'expérience a prouvé heureusement que, en tant qu'il s'agit de la production de la lumière électrique, il n'est nullement nécessaire de redresser les courants; et l'on peut dire que le problème de l'éclairage par la lumière électrique n'a été résolu pratiquement, économiquement, qu'à partir du jour où l'on a reconnu qu'on pouvait se dispenser de redresser les courants.

Il reste à dire comment la machine magnéto-électrique entre en action. Une courroie sans fin, commandée par une machine à vapeur, passant ou s'enroulant sur une poulie fixée à l'extrémité de l'axe qui porte les disques ou rouleaux armés de bobines, imprime à tout le système un mouvement de rotation très-rapide, ou lui fait faire de 350 à 400 tours par minute. Dès que l'on a atteint la vitesse nécessaire, l'étincelle part entre les deux charbons; le mécanisme de la lampe électrique écarte les charbons à la distance voulue, la lumière jaillit, et elle continuera indéfiniment tant que, d'une part, les charbons dureront, tant que, de l'autre, le mouvement de la machine à vapeur ne s'arrêtera pas. Par l'intermédiaire des aimants et de l'induction déterminée par les aimants, le mouvement se transforme en électricité ou en courant électrique; l'électricité, à son tour, dans sa lutte contre la résistance du charbon, se transforme en chaleur, la chaleur rend les charbons incandescents, et cette incandescence constitue la lumière électrique.

Mesurée au photomètre très-souvent, et avec la plus grande exactitude, la lumière engendrée par une machine de quatre rouleaux est à son maximum de 150 becs Carcel, c'est-à-dire qu'elle est 150 fois plus intense que la lumière d'une lampe Carcel brûlant 40 grammes d'huile à l'heure. Comme, d'autre part, la lumière d'une semblable lampe Carcel est égale à celle de 8 bougies, il en résulte que la lumière électrique, entretenue par une machine de quatre disques, équivaut à 1 240 bougies. Pour obtenir ce maximum d'intensité, il suffit d'une force que l'on peut évaluer au plus à un cheval et demi de vapeur, force qui coûterait, tout compris, coke consommé, intérêt du prix d'achat de la machine, frais d'entretien et de main-d'œuvre, 30 centimes par heure. En ajoutant 30 centimes par heure pour l'intérêt et l'entretien de la machine magnéto-électrique, qui a l'avantage incomparable de ne s'user ou de ne se détériorer jamais, parce qu'il n'y a point de frottement et que les aimants, dans leur fonctionnement, gagnent plus qu'ils ne perdent, il en résulterait qu'on payerait au plus 60 centimes par heure une lumière de 150 becs Carcel. Cette même lumière coûterait avec le gaz d'éclairage vendu au prix de la ville, 3 fr. 60 c., au prix des particuliers, 7 fr. 20 c.; avec l'huile de colza, 7 fr. 50 centimes; avec l'électricité née d'une pile de Bunsen, 9 francs. Grâce donc à la compagnie l'Alliance, l'éclairage à la lumière électrique, en même temps qu'il est le plus puissant, est aussi, et de beaucoup, le plus économique de tous les éclairages.

Le meilleur et le plus sûr des charbons pour la confection des pôles de la lampe électrique est encore le charbon de cornue. Comme il n'est pas absolument pur, il fait naître de petites intermittences; mais si la marche de la machine est bien réglée, si sa vitesse reste sensiblement la même, la source d'électricité est également constante, et les intermittences n'ont rien que de très-supportable. Elles ne sont sensibles que lorsqu'on regarde le point lumineux, lequel évidemment n'est pas fait pour être regardé.

Quand on a longtemps suivi, comme nous l'avons fait, le travail de la machine que nous venons de décrire; quand on a été témoin de l'approbation sans réserve dont elle a été l'objet de la part d'un très-grand nombre de commissions françaises et étrangères ; quand, pendant des semaines et des mois entiers, on l'a vue exercer sa puissance magique, on s'étonne qu'elle n'ait pas encore reçu de très-nombreuses applications. La lumière électrique, en effet, convient éminemment : 1° à l'éclairage des entrées des ports et des docks ; 2° à l'éclairage des phares, où elle permet de réaliser des économies énormes, par la suppression presque entière des appareils optiques qui coûtent si cher ; 3° à l'éclairage des paquebots transatlantiques, pour donner à la navigation une sécurité incomparablement plus grande, pour inonder les machines de lumière et rendre les réparations possibles ou plus faciles, pour éviter les côtes et prévenir les collisions, pour défendre, en cas d'accident, l'équipage et les passagers du surcroît de danger causé par les ténèbres, etc., etc. ; 4° à l'éclairage de navires de guerre pour éclairer à distance, et, à travers des parois transparentes, les soutes aux poudres ; pour faire découvrir, avec la lunette de nuit qui éclaire et montre l'objet éclairé, les terres proches ou les flottes ennemies ; pour éclairer et diriger le tir convergent des canons des frégates cuirassées ; pour transmettre, dans des conditions toutes nouvelles de portée, de vitesse et de sûreté, les signaux du Code maritime, ou des signaux secrets, etc. ; 5° à l'éclairage des places publiques, lorsque, comme sur les places du Carrousel et du Louvre, il est défendu d'installer des candélabres à gaz dans leur intérieur : huit machines de quatre disques éclaireraient à *giorno* les trois places de l'intérieur des Tuileries, du Carrousel et du nouveau Louvre ; une machine à quatre disques inonderait de lumière et de vie la cour du Louvre, aujourd'hui si sombre et si triste ; 6° à l'éclairage des grands travaux que l'urgence force de continuer pendant la nuit ; 7° à l'éclairage des usines et des très-grands ateliers ; 8° à l'éclairage des salles de spectacle, dans le système adopté par

MM. Chabrié frères, et qui consiste à projeter par réflexion à l'intérieur de la salle l'éclat d'un foyer lumineux très-intense placé à l'extérieur; 9o enfin à l'éclairage des travaux du génie; à la production des signaux d'attaque et de défense, et aussi à l'inflammation des mines à grande distance, à 500 mètres, par exemple, etc., etc.

En affirmant que toutes ces applications sont dès aujourd'hui possibles, pratiquement, économiquement, avec un succès certain, nous n'énonçons pas seulement une conviction personnelle, nous sommes en même temps l'écho fidèle des membres d'un très-grand nombre de commissions diverses, de la Société d'encouragement, de la ville de Paris, du ministère de la guerre, du ministère de l'agriculture, du commerce et des travaux publics, des ministères de la marine de Russie et du royaume d'Italie, des messageries impériales, etc., etc.

Elle a été installée premièrement à bord du yacht de Son Altesse Impériale le prince Napoléon; le gouvernement français et plusieurs puissances étrangères l'expérimentent en ce moment sur leurs navires cuirassés.

La société l'Alliance a son siége 17, rue du Puits Artésien; les demandes de renseignements et les commandes devront être adressées à M. Auguste Berlioz.

Jusqu'à nouvel ordre, le prix des machines magnéto-électriques est de 2 000 fr. par disque, pour les machines à trois disques et plus; de 2,500 fr. pour les machines à un ou deux disques. Le prix des lampes ou régulateurs de la lumière électrique varie de 200 à 1 500 fr.

3° *Lumière électrique engendrée par la machine électro-magné-tique et magnéto-électrique de M. Wilde, de Manchester.*

Au lieu de recueillir immédiatement le courant engendré par l'induction des aimants, M. Wilde le fait passer d'abord dans un fort électro-aimant, et c'est par l'induction de l'électro-ai-mant qu'il obtient un courant très-énergique Sa machine fig. 9, devenue en France la propriété de la compagnie l'Alliance, se compose d'abord d'une batterie de 12 à 16 aimants P, dont chacun pèse 1ᵏ,500ᵍʳ et porte 10ᵏ. Entre les pôles des aimants sont disposées longitudinalement deux armatures de fer doux C, C, séparées par une plaque de laiton O. Ces trois pièces sont réunies par des boulons, et l'armature totale ainsi formée est percée dans toute sa longueur d'une cavité cylin-drique dans laquelle est une bobine de Siemens, formée es-sentiellement d'un cylindre de fer doux, entaillé sur toute sa longueur et sur ses bouts d'une gorge large et profonde, dans laquelle s'enroule un grand nombre de fois comme sur un multiplicateur, un fil de cuivre recouvert de soie.

A l'autre extrémité de la bobine est une poulie qui reçoit d'une courroie sans fin une vitesse de rotation de 1 500 tours par minute. Le fil enroulé sur la bobine a 17 mètres de lon-gueur.

Au-dessous du couronnement qui porte les aimants et leurs armatures sont deux grandes bobines B, B. Chacune est com-posée d'une plaque rectangulaire de fer, de 91 centimètres de longueur sur 66 de largeur et 3 d'épaisseur, sur laquelle s'enroulent 500 mètres de fil de cuivre isolé. D'un bout, les fils de ces bobines se réunissent de façon à former un circuit unique de 1 000 mètres ; de l'autre, ils se rendent l'un à la borne *a*, l'autre à la borne *b*. A leur partie supérieure, les

deux plaques sont reliées par une plaque transversale de
fer, de manière à former un électro-aimant unique.

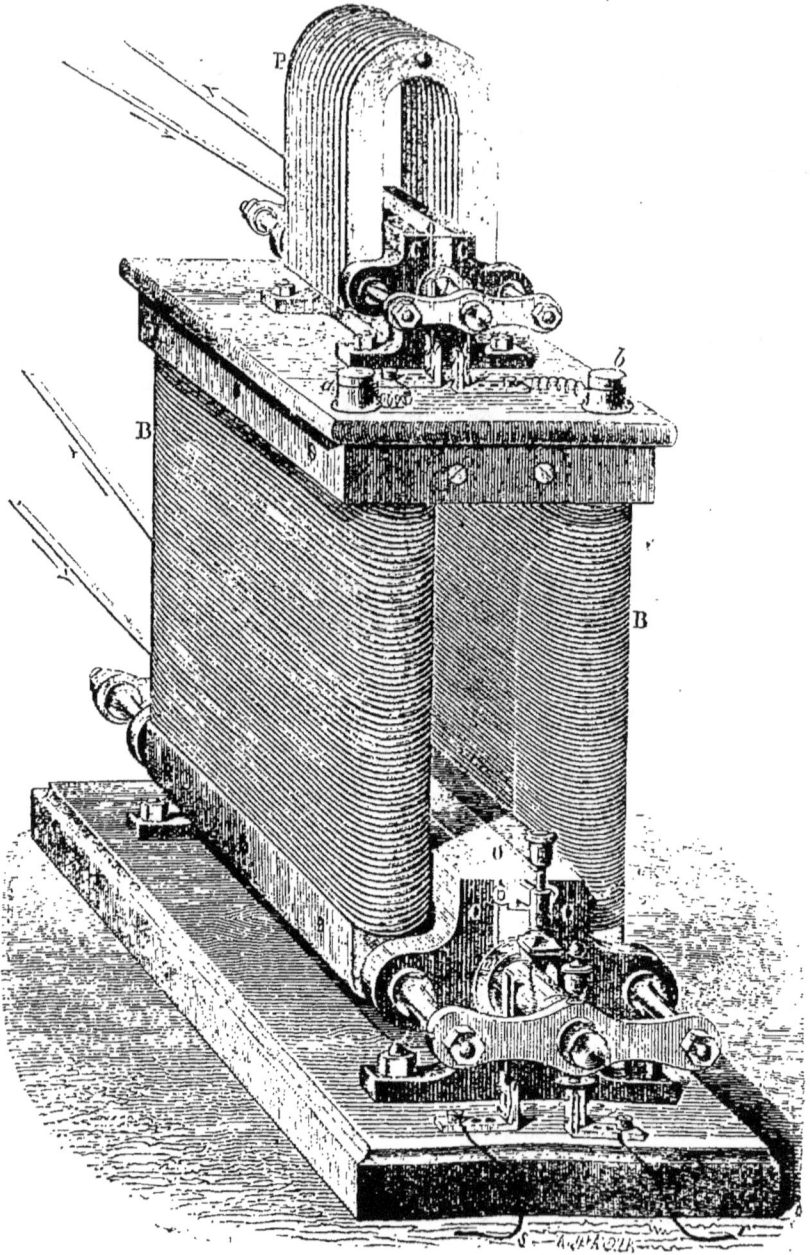

Fig. 9.

Enfin, à la partie inférieure des bobines B, B sont deux armatures de fer C, C, séparées par une plaque de laiton O, et, dans
toute la longueur des armatures, par une cavité cylindrique
dans laquelle tourne la bobine de Siemens *m*, de 1 mètre de
longueur, de près de 18 centimètres de diamètre, dont le fil est
long de 30 mètres. Ses bouts arrivent à un commutateur qui
conduit les courants redressés aux pointes de charbon du régulateur. La bobine reçoit d'une courroie sans fin une vitesse
de rotation de 1 700 à 2 000 tours par minute.

La fig. 10, coupe perpendiculaire à l'axe de l'armature Siemens *i i* la montre sous forme de cylindre en fonte de fer
creusée sur ses deux joues d'une rainure profonde, dans laquelle un fil isolé s'enroule longitudinalement ; *c c* sont deux
segments de fer forgé ; *dd* sont deux pièces de carton ; *gg* sont
deux prolongements en fer forgé, destinés à porter deux pi-

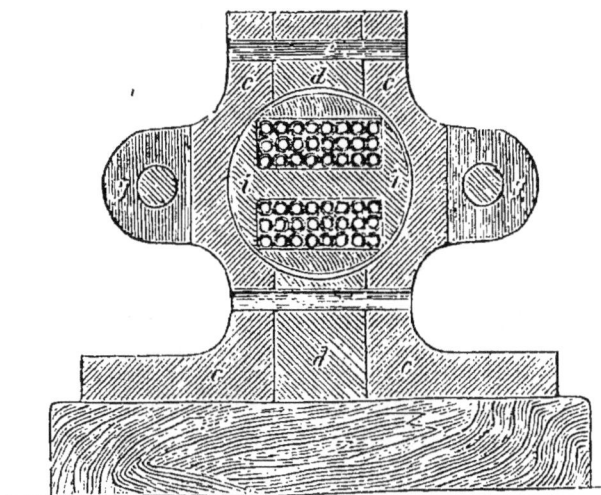

Fig. 10.

liers de fer. Le diamètre de l'armature a deux millimètres et
demi de moins que le diamètre de l'ouverture ménagée dans

le cylindre aimant, de telle sorte qu'elle puisse tourner à une très-petite distance des parois intérieures de l'ouverture, sans les toucher.

Ces détails connus, voici comment fonctionne la machine. Lorsqu'on imprime aux bobines n et m, au moyen d'une machine à vapeur, la vitesse de rotation indiquée ci-dessus, les aimants font naître dans la première bobine des courants induits, qui, redressés par le commutateur, vont passer dans l'électro-aimant B, B, et l'aimantent. Or, celui-ci aimantant les armatures inférieures C, C en sens contraires, l'induction de ces dernières engendre dans la bobine m une série de courants positifs et négatifs beaucoup plus puissants que ceux de la bobine supérieure ; et qui font naître tant dans les plaques de fer que dans le cylindre de cette machine, une accumulation de magnétisme, quelques centaines de fois plus forte que celle des aimants permanents de la machine électro-magnétique ; et comme l'armature de la machine magnéto-électrique est en même temps animée d'un mouvement très-rapide, le faisceau des fils qui la composent devient le siége d'un courant électrique d'intensité devenue vraiment énorme, que l'on peut faire servir à la production de la lumière électrique ou à d'autres effets. Lorsque la machine est en pleine action, il faut, pour la maintenir en mouvement, une force d'environ trois chevaux. Le régulateur électrique peut alors brûler des bâtons de charbon ayant au moins 20 millimètres de côté. Il donne de véritables torrents de lumière électrique. Nous qui manions cette lumière depuis tant d'années, nous avons été presque effrayé de l'éclat qui éblouissait nos regards Nous avons vu fondre deux fois sous nos yeux des fils de fer forgé de 30 centimètres de longueur, de plus de 6 milli-mtères de diamètre. Le courant induit est si intense que le fil devient rouge-blanc en moins de deux minutes, et coule aussitôt après en grosses gouttes dans des conditions qui attestent un mouvement vibratoire intense. Le plus merveilleux, c'est que cette électricité, cette chaleur, cette lumière, sont le résultat d'une véritable transformation de la force mécanique; car en dehors de la machine à vapeur, il n'y a en jeu dans l'appareil que la force statique de six petits aimants artificiels pouvant porter à peine 10 kilogrammes.

La machine Wilde l'emporte de beaucoup sur l'ancienne machine de l'Alliance par l'intensité du courant électrique qu'elle engendre et l'éclat de la lumière qu'elle fait jaillir des pointes de charbon. Mais la vitesse de la rotation de l'armature est de 1 500 à 2 000 tours, tandis que les disques de la machine l'Alliance ne font jamais plus de 300 tours par minute; et l'armature en tournant avec cette énorme vitesse, s'échauffe assez pour qu'il faille attendre l'épreuve d'une marche quotidienne pour être convaincu que cette chaleur ne peut pas devenir excessive, ou du moins que ses dangers pourront être facilement conjurés.

Nous ne trouvons pas non plus dans la lumière électrique de la machine de M. Wilde ce caractère de continuité, de fixité calme, nécessaire à un bon éclairage, et qui est si remarquable dans la lumière de la machine de l'Alliance.

Nous avons vu tout récemment par le *Mecanic's-Magazine* que M. Wilde, même avant que sa machine n'eût été appliquée à la production industrielle de la lumière pour les phares, ou de l'électricité pour la galvanoplastie, se proposait de la modifier profondément. Aux aimants de sa machine magnéto-électrique il substituerait des électro-aimants, et ferait tourner entre leurs pôles des bobines d'induction disposées circulairement comme dans la machine de l'Alliance. Entrant aussi dans la voie ouverte par MM. Wheatstone et

Siemens, il serait disposé à utiliser le magnétisme rémanent de ses grandes plaques, de manière à se passer des aimants ou des électro-aimants excitateurs. Il se rapprocherait ainsi beaucoup du brevet de M. Ladd. Ce qu'il y a de certain, c'est que la compagnie l'Alliance, qui a payé cinquante mille francs le brevet de M. Wilde, n'est pas encore en possession d'une de ses machines, et ne sait pas quand elle les verra fonctionner régulièrement.

Fig. 11.

4° *Lumière électrique engendrée par la machine dynamo-magnétique de Ladd.*

Elle se compose, fig. 11, de deux bobines de Siemens tournant

avec une grande vitesse, et de deux plaques de fer AA entou-
rées d'un fil de cuivre isolé.

Les bobines B,B sont des électro-aimants distincts ayant à
chaque bout deux armatures C,C', dans lesquelles sont renfer-
mées les bobines de Siemens m et n; le courant de la bobine
n passant dans les électro-aimants B,B, revient sur lui-même
dans cette bobine.

Le fil de la bobine m est indépendant et se rend à l'appareil qui doit utiliser le courant, par exemple à deux cônes de
charbon D pour l'éclairage.

La machine ainsi disposée, si l'on fait tourner les bobines
m, n, il ne se produit aucun effet tant que les armatures C,C'
n'ont reçu aucune aimantation; mais si l'on fait passer, une
fois pour toutes, dans les bobines B,B, un courant voltaïque
de quelques éléments Bunsen ou autres, ce courant aimante les
plaques A,A avec leurs armatures, et celles-ci par leur réaction
réciproque, conservent ensuite une quantité de magnétisme
rémanent suffisante pour faire marcher la machine. Si l'on
imprime alors aux bobines m et n la même vitesse de rotation que dans la machine de Wilde, le magnétisme des armatures C,C', agissant sur la bobine n, y fait naître des courants d'induction qui, redressés par un commutateur, donnent
un courant qui va passer dans les bobines B,B, et aimante
plus fortement les armatures C,C'. Celles-ci, réagissant à
leur tour plus puissamment sur la bobine n, renforcent le
courant; d'où l'on voit que les bobines n et B vont ainsi en
s'excitant mutuellement à mesure que la vitesse de rotation
s'accélère. Par suite, les armatures de la bobine m s'aimantant
de plus en plus, sous l'influence des électro-aimants B,B, il se
développe dans cette bobine un courant induit de plus en plus
intense, qu'on recueille, redressé ou non, suivant l'usage auquel on le destine.

Dans la machine de l'Exposition, les plaques A,A n'avaient que 60 centimètres de longueur sur 30 de largeur. Avec ces petites dimensions, le courant équivalait à celui de 25 à 30 couples de Bunsen. Il alimentait un régulateur Serrin et maintenait incandescent un fil de platine d'un demi-millimètre de diamètre, d'un mètre de longueur.

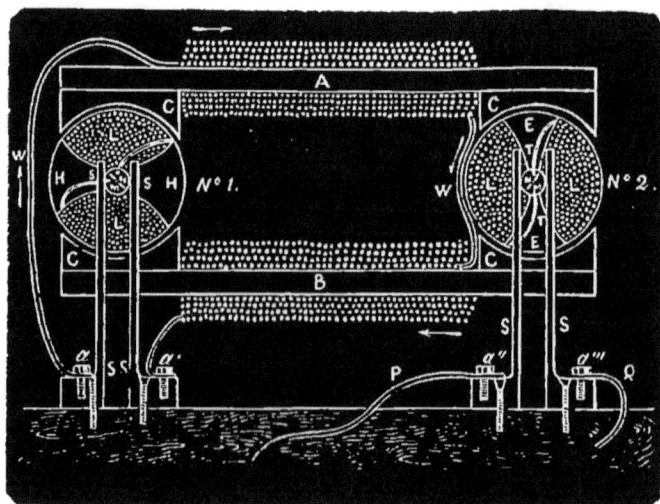

Fig. 12.

La fig. 12, coupe verticale passant par l'axe de la machine, fera mieux comprendre sa disposition et son mécanisme. A,B sont deux plaques de fer doux placées horizontalement, et comprenant entre elles les deux armatures rotatives de Siemens EE, HH. Sur chacune des plaques est enroulé un fil de cuivre isolé de 30 mètres de longueur. Les lettres L,L, L,L indiquent les fils isolés des armatures Siemens, tournant dans les gorges cylindriques C,C. L'une des armatures H,H est en relation avec un aimant ou un morceau de fer doux conservant une petite quantité de magnétisme rémanent. La seconde armature à l'autre extrémité des plaques électro-aimants s'empare de l'électricité engendrée, et la conduit par deux électrodes S, S aux supports a'', a''' d'où elle se distribue partout où l'on veut l'utiliser.

Cette belle machine représentée à l'Exposition par le modèle que nous avons décrit, a reçu déjà de son auteur quelques importantes modifications. Les deux armatures ne glissent plus dans des rainures séparées ; elles sont placées bout à bout dans une même rainure ; on dirait, en les voyant, qu'elles ne forment qu'une seule armature, mais leur position relative est telle que leurs axes magnétiques sont à angles droits. Par suite de cet arrangement, l'armature totale n'exige qu'une coulisse ou rainure, et l'on recueille tout l'avantage de la forme en fer à cheval de l'électro-aimant. Les branches de l'électro-aimant et des armatures sont construites de telle sorte qu'il y ait interruption alternative du circuit magnétique dans les deux armatures ; mais, grâce à la disposition à angles droits, le circuit ne sera jamais interrompu ; la portion principale de la force magnétique passe simplement d'une armature à l'autre, exactement à l'instant le plus convenable pour la production du maximum. On comprend les avantages mécaniques qui résultent de ces modifications, notamment la suppression de deux paliers et d'une poulie-motrice, et le parfait isochronisme des actions successives du courant. On pourrait trouver quelque avantage à faire varier l'angle des armatures entre elles, suivant la vitesse du mouvement qui leur est communiqué, de telle sorte que le courant transmis par l'armature en action pût produire, à un instant précis, tout son effet sur l'électro-aimant, et par suite le meilleur effet sur la seconde armature.

Nous apprenons, par une lettre de M. Ruhmkorff, qu'il a traité avec M. Ladd pour la construction et les applications en France de ses générateurs d'électricité, de lumière et de chaleur, si remarquables par leur simplicité et leurs petites dimensions.

4.

Un si habile artiste les perfectionnera sans doute; s'il arrive à ne pas faire dépasser 500 tours par minute, il aura réalisé un très-grand progrès.

De son côté, M. Van Malderen travaille activement à simplifier et à fortifier la machine de la compagnie l'Alliance, qui a jusqu'ici pour elle l'avantage incomparable d'une vitesse de rotation très-faible.

5° Régulateur de la lumière électrique, en général.

Pour faire naître la lumière électrique entre les deux charbons, il faut d'abord amener les pointes au contact, afin que le courant électrique de la pile ou de la machine magnéto-électrique s'établisse, les reporter ensuite à une petite distance l'une de l'autre, pour que l'arc électrique puisse se développer, faire enfin qu'ils se rapprochent constamment à mesure qu'ils s'usent par la combustion ou le transport électrique de matière, de telle sorte que le foyer de lumière occupe toujours le même point de l'espace. Nous ne décrirons ici que deux des régulateurs, celui de M. Serrin et celui de M. Léon Foucault, les deux seuls qui ne laissent rien à désirer.

6° Régulateur de M. Serrin, 186, rue du Temple.

Il a précisément pour fonction de déterminer, au moment voulu, le contact, l'écart et le rapprochement des pointes de charbon. Il les laisse en contact quand le courant ne circule pas; il les écarte et les sépare quand on ferme le circuit; il les rapproche ensuite incessamment, sans jamais permettre qu'elles se touchent. Si, par une cause accidentelle, elles viennent à se briser et à s'éloigner trop, il les ramène, après un contact d'un instant, à la distance qui doit les séparer pour qu'elles brillent à nouveau de tout leur éclat.

Le régulateur de M. Serrin comprend deux mécanismes : l'un, sorte de parallélogramme à angles articulés, oscillant de bas en haut, de haut en bas, sert à produire directement l'écart des charbons ; l'autre sert à les rapprocher proportionnellement à leur usure. L'un des côtés verticaux du parallélogramme ou système oscillant sert à le maintenir en équilibre entre les deux forces antagonistes qui le sollicitent, son poids qui tend à le faire descendre, et un ressort qui tend à le faire monter. Le charbon supérieur descend ou s'arrête, commandé par le parallélogramme ; le charbon inférieur, mobile dans le système oscillant, peut glisser, par rapport à lui, de bas en haut, entraîné par le mécanisme de rapprochement. Le parallélogramme oscillant porte, à sa base, une armature en fer doux qui s'approche ou s'éloigne, en restant horizontale, des pôles d'un électro-aimant, dont le fil fait partie du circuit du régulateur. Tant que le courant ne passe pas, les deux pointes des charbons se touchent ; le parallélogramme oscillant s'abaisse sous la pression du charbon supérieur, et enraye le mécanisme de rapprochement. Mais, dès qu'on ferme le circuit, l'électro-aimant, devenu actif, attire l'armature, entraînant avec elle le parallélogramme oscillant et, par suite, le charbon inférieur, dont la pointe s'écarte à une petite distance de celle du charbon supérieur, préalablement enrayé par ce même mouvement ; l'arc électrique apparaît aussitôt et remplit le vide entre les deux pointes de charbon. A mesure que le courant devient moins énergique, par suite de l'usure et de l'écartement des pointes, l'électro-aimant devient moins puissant, l'armature s'éloigne, le parallélogramme oscillant remonte et les pointes de charbon se rapprochent. Par suite de ce rapprochement incessant du parallélogramme oscillant, qui tantôt remontant de lui-même, tantôt descendant attiré par l'armature, dégage ou enraye tour à tour les rouages du mécanisme rapprochant : les charbons, une fois réglés, restent constamment à la distance voulue, et la lumière ne subit, dans son intensité, d'autre

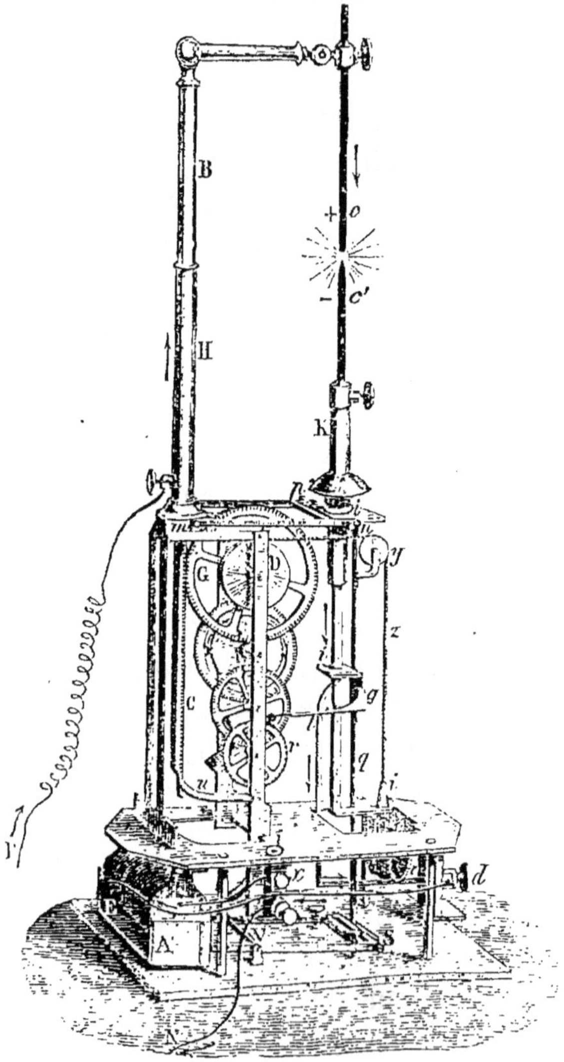

Fig. 13.

variations que celles qui sont causées par le défaut d'homogénéité de la matière des charbons, taillés dans les dépôts des cornues, ou fabriqués artificiellement.

La fig. 13 B, tige qui porte le charbon positif c et se termine à la partie inférieure par une crémaillère C, glisse à frottement doux dans une douille H. Lorsqu'elle s'abaisse, et avec elle le charbon positif, la crémaillère transmet le mouvement à une roue G, sur l'axe de laquelle est fixée une poulie D. Cette poulie, tournant de droite à gauche, fait enrouler une chaîne z qui passe sur une seconde poulie y, et va s'attacher en i a la partie inférieure d'une tige rectangulaire; celle-ci, en s'élevant, fait monter la pièce k qui porte le charbon négatif d, en sorte que celui-ci monte à mesure que le charbon positif descend. Les deux charbons étant en contact, le courant entre par le fil P, monte suivant H B jusqu'au charbon positif, passe au charbon négatif, va à la pièce k, se rend dans le sens des flèches à la borne d, qui le cède à l'électro-aimant E, d'ou il sort pour aller à la borne x et retourner à la pile par le fil N. Aussi souvent que le courant passe dans l'électro-aimant, l'armature en fer doux A est soulevée et produit l'écart des charbons, par le mécanisme suivant. A l'armature est fixé un cadre VS oscillant autour d'un axe horizontal V, et lié à une tige y articulée en n à un second cadre m n p, mobile lui-même, autour d'un axe m. L'armature A, soulevée, fait basculer le levier VS, la tige q s'abaisse et détermine l'écart des deux charbons. La tige q a abaissé en même temps une pièce y qui se termine par une lame horizontale t. Celle-ci, embrayant alors dans les dents d'une roue à rochet r, l'arrête, et avec elle toutes les roues dentées et la crémaillère C. Les charbons sont alors fixés, et restent tels tant que le courant a assez d'intensité pour tenir l'armature A soulevée. Les charbons s'usant, leur distance augmente, et le courant faiblit, l'armature descend, la roue r se désembraye, les charbons marchent l'un vers l'autre, mais sans arriver au contact, parce que le courant, redevenu plus intense, soulève de nouveau l'armature et arrête les charbons. Cet appareil est rigoureusement automatique ; on peut l'abandonner entièrement à lui-même.

Avec lui M. Serrin est devenu maître absolu de la lumière électrique. Il la manie à son gré, l'applique à tous les usages, la fait resplendir partout, dans les fêtes, sur les phares, les chemins de fer, au sommet des tours, au sein des mines. Il a fait avec elle de véritables tours de force ; on l'a vu au bassin de Neptune à Versailles, sur l'île des lacs du bois de Boulogne, dans le jardin privé des Tuileries, conduire seul une véritable armée de 10, 15, 30 régulateurs de lumière électrique, qu'il maintenait allumés, en plein éclat, pendant des soirées, ou même pendant des nuits entières. Il y a vingt ans, quand devant le vaste auditoire de M. Dumas, à la Sorbonne, nous parvenions à faire briller pendant deux ou trois minutes deux petites pointes de charbon rendues incandescentes par l'électricité, nous provoquions des applaudissements étourdissants, et voici que des feux électriques d'une intensité égale à celle de deux cents becs Carcel projettent depuis plus de quatre ans leur éclat bienfaisant sur l'immensité des mers pendant dix-sept heures en moyenne chaque nuit.

On peut juger des avantages qu'on doit attendre de l'emploi dans les travaux publics de l'éclairage électrique par cet extrait du rapport de M. Brull, ingénieur de la compagnie des chemins de fer du nord de l'Espagne.

Vingt régulateurs Serrin avaient été expédiés dans les montagnes du Guadarrama, avec les piles et les matières nécessaires pour leur alimentation... Les appareils ont fonctionné régulièrement pendant 9 417 heures... La lumière a toujours été belle et régulière ; elle éclairait les chantiers avec profu-

sion, sans blesser pourtant les travailleurs par son intensité.
La dépense par heure des matières consommées a été de
2 fr. 90. L'économie réalisée par l'application de l'éclairage
électrique sur les torches est d'environ 60 pour cent. Si l'on
considère en outre la gêne causée par la fumée des torches
concentrée dans les profondes tranchées remplies de travailleurs, les pertes de temps pour entretenir leur combustion,
leur faible clarté, on verra la grande et incontestable supériorité de la lumière électrique... La crainte de produire dans des
temps égaux moins de travail pendant la nuit que pendant le
jour n'est pas fondée. En été, l'ouvrier n'étant pas accablé
par la chaleur du jour, travaille avec plus d'énergie et produit davantage ; pendant les nuitsfroides, il travaille pour se
réchauffer ; dans aucun cas, le service de nuit n'est inférieur
au service de jour...

L'éclairage électrique a rendu aussi d'importants services
aux travaux souterrains des grandes mines du Guadarrama.
La profondeur du puits, étant de 22 mètres, chaque galerie
avait 16 mètres de longueur...; l'air était tellement vicié par
l'explosion des pétards et la combustion des lampes des mi-
neurs que les maçons pouvaient à peine y séjourner pendant
quelques instants; les lampes ne brûlaient plus dans l'intérieur
de la mine; allumées à l'orifice du puits, elles s'éteignaient
avant d'arriver au fond. Le travail était pressant; je n'avais
sous la main aucun moyen de ventilation; je fis descendre
un régulateur Serrin dans l'intérieur de la mine... Au bout
d'une heure, environ, voyant que les maçons ne se plaignaient
nullement d'être incommodés, et ne demandaient pas à être
relevés, je descendis dans la mine, et je constatai que l'on
y respirait avec autant de facilité qu'en plein air, que les
lampes y restaient allumées. Le travail des maçons, éclairé
par la lumière électrique, s'est prolongé pendant 112 heures
onsécutives sans aucun inconvénient. »

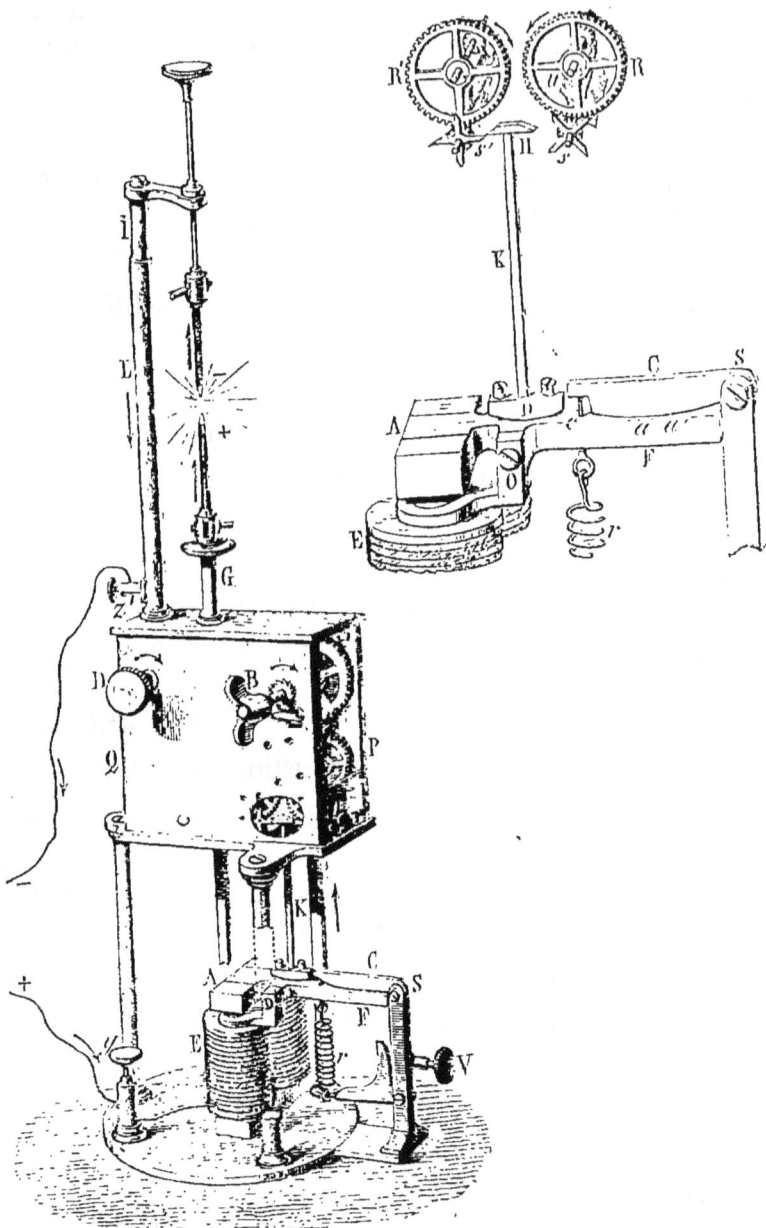

Fig. 14.

4° *Régulateur de M. Léon Foucault construit par*
M. Duboscq, 21, rue de l'Odéon.

L'appareil (fig. 1) se compose essentiellement d'une boîte de
laiton P Q dans laquelle sont deux mouvements d'horlogerie
tendant, l'un à rapprocher les charbons, l'autre à les écarter.
Au-dessus de la boîte sont les deux charbons, le positif
fixé à une tige mobile G, le négatif porté par une tige I qui
glisse à frottement doux dans une douille L. les deux mouvements d'horlogerie qu'on monte au moyen des boutons B
et D, arrêtent à la fois les deux charbons, ou n'en laissent
marcher qu'un seul. Enfin, au-dessous de la boîte est l'appareil dans lequel passe le courant qui sert de régulateur aux
mouvements d'horlogerie.

E est un électro-aimant dans lequel le courant électrique
passe d'une manière continue. Au-dessus de l'électro-aimant
est une armature de fer doux A, fixée autour d'un levier FA,
mobile autour d'un axe O. Cette armature n'est jamais en
contact avec l'électro-aimant, mais s'en rapproche d'autant
plus, que les charbons sont moins écartés, c'est-à-dire que le
courant est plus intense. Au-dessus du levier FA en est un
second C, dont le point d'appui est en S, et qui est constamment entraîné de haut en bas par un ressort à boudin r attaché à son extrémité.

Le levier G est courbe sur sa face inférieure; cette courbure
en fait un levier à résistance variable, dont M. Robert-Houdin
a, le premier, indiqué l'usage, et qui donne ici à l'appareil une
extrême sensibilité. En effet, l'armature A, tendant sans
cesse à s'abaisser par l'attraction de l'électro-aimant, est en
même temps sollicitée de bas en haut par le bras du levier
F, qui s'abaisse par la pression du ressort r à lui transmise par
le levier C. Or, le point d'application de cette pression varie

5

à mesure que le levier FA s'incline. Dans le dessin, le point d'appui est en *a*; mais si l'armature s'abaisse tant soit peu, il passe en *a'*. Le bras du levier *ac*, sur lequel agit le ressort *r*, augmente donc aussitôt que l'armature A descend : l'intensité du courant et, par suite, le pouvoir attractif de l'électro-aimant venant à croître, la résistance en sens contraire croît en même temps; de là une oscillation continuelle, mais dans des limites très-resserrées, du levier AF. A ce levier est fixée une pièce D, sur laquelle s'élève une tige K, qui participe avec la pièce D aux oscillations du levier. La tige K se termine elle-même par une pièce H qui embraye, à droite et à gauche, avec des dents *s*, *s'* fixées sur les axes de deux pignons à ailettes *u* et *v*, lesquels reçoivent une rotation rapide des roues R et R' mues par les mouvements d'horlogerie. On sait que ces ailettes, par la résistance qu'elles rencontrent dans l'air, sont destinées à ralentir le mouvement et à le régulariser. Si la tige T incline à droite, l'*embrayeur* H bute contre la dent *s*, l'arrête et avec elle tout le mécanisme de droite. Celui de gauche marche alors tout seul, et les charbons se rapprochent. Si, au contraire, l'embrayeur incline à gauche, il arrête *s'* et tout le mécanisme de gauche; c'est celui de droite qui fonctionne maintenant, et les charbons s'écartent. Enfin, lorsque la tige K est verticale, l'embrayeur arrête à la fois les deux mécanismes, et les charbons sont fixes. Les oscillations de l'armature étant toujours très-petites, il en est de même de celles de l'embrayeur; par suite, les charbons n'avancent et ne reculent qu'infiniment peu avec les variations du courant, ce qui produit, à la fois, une fixité remarquable du point lumineux et de l'éclat de la lumière.

Il reste à décrire le mécanisme qui transmet un mouvement alternativement de sens contraire aux deux charbons.

Deux barillets M et N, fig. 15 et 16, font successivement marcher les rouages. Le barillet N est le plus puissant ; il l'est assez
pour remonter l'autre. L'arbre du barillet, fig. 15, porte trois
roues : la roue supérieure fait marcher la crémaillère qui
porte le charbon positif ; l'inférieure, qui est d'un diamètre
deux fois moindre, fait marcher la crémaillère qui porte le

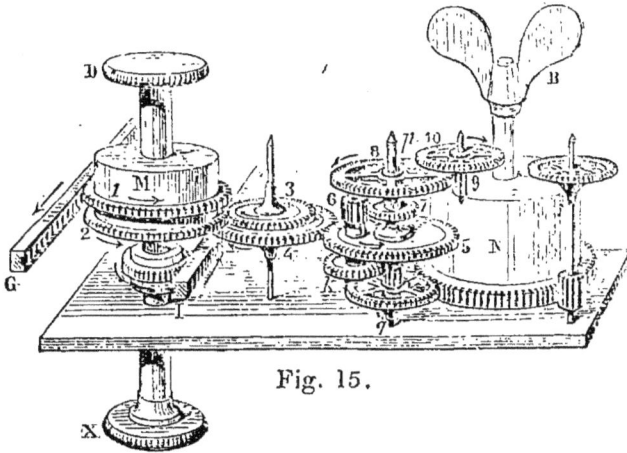

Fig. 15.

charbon négatif. Du rapport de deux à un des diamètres des
deux roues, il résulte que la seconde crémaillère, pour un
même nombre de tours du barillet, avance deux fois moins

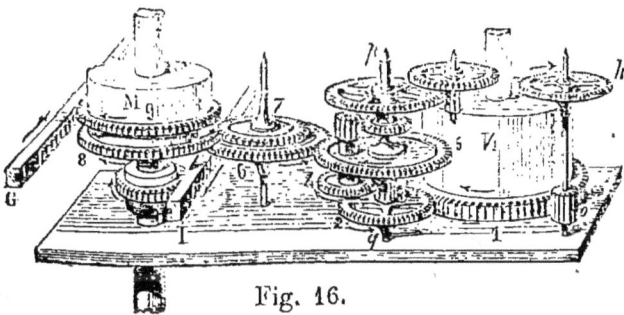

Fig. 16.

vite que la première crémaillère. Cette condition est nécessaire, parce que l'expérience a appris que le charbon positif

s'use, en général, deux fois plus rapidement que le charbon négatif. Une roue qu'on nomme roue *satellite* portant le numéro 5 relie entre eux les deux barillets.

Dans le mécanisme qui vient d'être décrit, fig. 15, le barillet N reste fixe, le barillet M fonctionne seul, et les engrenages intermédiaires n'ont d'autre usage que de transmettre une grande vitesse à l'ailette *v*. Dans la figure 16, c'est le con-traire qui a lieu : le barillet N porte une roue 1 qui transmet le mouvement au pignon *o* et à une roue *h,* laquelle, par une suite de pignons et de roues non figurés dans le dessin, le transmet à la roue R et à la palette *u* de la figure 16. Puis le même barillet, toujours par la roue 1, fait marcher la roue 2 ; avec celle-ci tourne le pignon 3, qui lui est lié, lequel imprime autour de l'axe *pq* un mouvement de translation à la roue 4. Or celle-ci, étant liée à la roue satellite (n° 5), l'en-traîne avec elle ; en sorte que c'est la roue satellite qui fait marcher les roues 6 et 7 ; puis la roue 7 mène enfin le baril-let M, qui maintenant, tournant en sens contraire, fait écar-ter les charbons. Quant à la marche du courant dans l'appa-reil, elle est indiquée par les flèches de la figure 14. Entrant par la borne *y*, il passe dans l'électro-aimant E, de là dans l'appareil, puis à la tige G, aux deux charbons, et redescend à la borne *z* par la colonne L.

Le modèle de régulateur que nous venons de décrire fait le plus grand honneur à M. Léon Foucault. En théorie, c'est un chef-d'œuvre, et il donne dans la pratique de bons résultats. Cependant, je dois le dire, le régulateur de M. Serrin est plus simple, plus sensible, plus efficace et plus durable. Au mo-ment où les charbons arrivent au contact, le mécanisme qui les rapproche est embrayé, de sorte qu'ils ne sont pas pressés l'un contre l'autre, au point de se briser mutuellement, in-convénient que l'on rencontre dans le régulateur Foucault.

5° *Condenseur de lumière de M. Louis d'Henry.*

Aux régulateurs de lumière électrique, on pourra peut-être ajouter les curieux appareils aux quels M. Louis d'Henry, préparateur de physique à la faculté des sciences de Lille, a donné le nom de condenseurs de lumière. Ils ont pour objet de résoudre cet important problème qui n'avait pas encore été posé: Étant donné un foyer lumineux, imaginer un appareil qui condense en un seul faisceau parallèle toute la lumière émanée de ce foyer et plusieurs fois réfléchis à sa surface intérieure, pour la diriger sur un point déterminé de l'espace. La figure 7 représente une des solutions de ce problème obtenue au moyen d'un ellipsoïde 2, 2, 4, 4, d'un miroir I sphérique concave dont le centre de figure se trouve sur l'axe, tandis que le centre de la sphère coïncide avec le foyer lumineux P. Recevant normalement à sa surface tous les rayons qu'envoie vers lui le foyer lumineux, ce miroir les réfléchit sur eux-mêmes, et les fait repasser en P où, pour sortir, ils se joignent au faisceau principal qui part directement du second foyer F.

La théorie du nouvel appareil a pour point de départ ces propriétés de l'ellipsoïde: 1° Si à l'un des foyers d'une ellipsoïde jouissant d'un pouvoir réflecteur absolu se trouve un foyer lumineux, tous les rayons partis de ce point qui viennent frapper l'ellipsoïde vont, après leur réflexion, passer par le second foyer; 2° si ces rayons continuent leur route, ils rencontreront de nouveau l'ellipsoïde, subiront une nouvelle réflexion, et reviendront de nouveau au second foyer; 3° enfin, quelle que soit la direction d'un rayon au départ du premier foyer, l'angle de ce rayon avec la ligne des foyers décroît rapidement, de sorte qu'après un nombre infini de réflexions, tous les rayons issus du foyer finiron par se confondre avec le grand axe de l'ellipse.

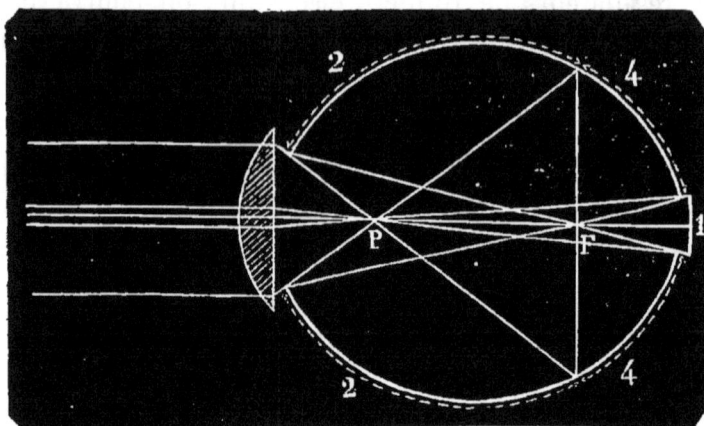

Fig. 17.

On peut donc faire atteindre ainsi théoriquement au rayon émergent définitif une intensité mille fois plus grande que celle du point lumineux. Dans la pratique, avec un premier condenseur construit par M. Duboscq, et qui laissait beaucoup à désirer, l'intensité du faisceau émergent a été d'environ 12 fois celle de la lampe qui constituait le foyer lumineux. Avec le régulateur on utilise à peine les six centièmes de la lumière de la source.

Lunette de nuit á la lumière électrique.

La première idée d'une lunette de nuit appartient à M. le docteur Jules Guyot. Le problème à résoudre peut se formuler ainsi : éclairer à distance, par un faisceau de lumière parallèle, le lieu ou l'objet, pour le regarder et le voir sans être vu. Le projet de M. Guyot n'a pas été exécuté, mais M. le capitaine de vaisseau Georgette Dubuisson, en introduisant la lu-

mière électrique à bord du yacht le *Jérôme-Napoléon,* a fait
construire par la Compagnie l'Alliance un appareil de projection au loin de la lumière électrique, qui permet d'atteindre
le même but, et qui a déjà donné d'excellents résultats dans le
petit nombre d'applications qu'il a reçues lors des excursions
sur les côtes de la Manche. En voici la figure et la légende.

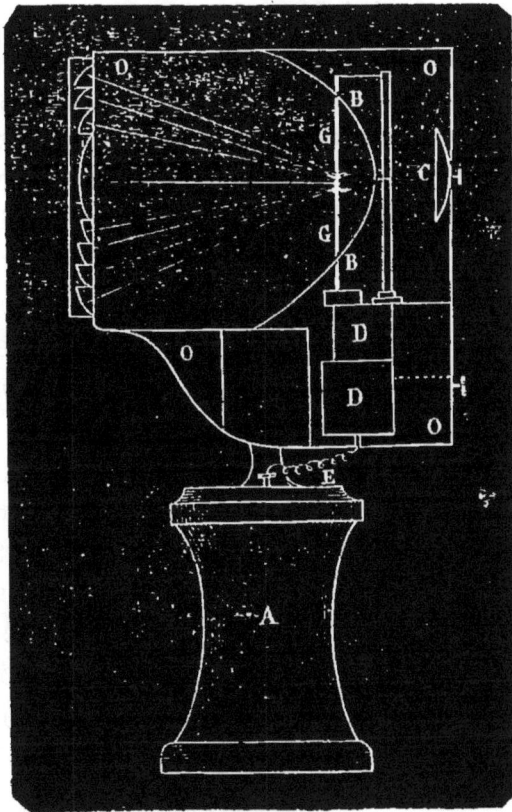

Fig. 18.

Fig. 18. A, support; B, réflecteur parabolique; C, réflecteur
sphérique; D, base du régulateur; E, fil conducteur amenant le
courant au régulateur de la lumière électrique; G, crayon de

charbon du régulateur ; K, lentille à échelons pour transformer le faisceau divergent en faisceau parallèle ; O, tube contenant tous les organes de la lunette.

Il nous semble impossible que la lumière et la lunette électrique ne soient pas bientôt installées à bord de tous les grands navires de guerre ou de transport.

Nous serions injuste si nous ne rappelions pas ici la noble part que M. Jules Duboscq, l'éminent constructeur d'instruments d'optique, a pris à la production et à la diffusion de la lumière électrique. Il construisit le premier le régulateur de M. Foucault à charbons horizontaux, et lui substitua plus tard un modèle plus commode à charbons verticaux, définitivement remplacé par l'appareil automatique que nous venons de décrire. Marchant sur les traces de son célèbre beau-père, M. Soleil, il a organisé la lanterne électrique armée des lentilles et des verres grossissants nécessaires à la projection des phénomènes de la lumière, des tableaux d'histoire naturelle et autres, des objets microscopiques, etc. Nous avons donné ensemble, il y a plus de vingt ans, les premières soirées de lumière électrique, et nous avons importé ensemble en Angleterre ce mode nouveau et si excellent de démonstration par projection sur un large écran fortement illuminé. Si, aujourd'hui, l'institution Royale de Londres, dans son vaste amphithéâtre, tire un si merveilleux parti de la lumière née de la pile, c'est à M. Duboscq et à moi qu'elle le doit. Rien ne manque aux collections d'appareils que M. Duboscq a imaginés, construits ou perfectionnés ; et ses appareils sont aujourd'hui dans tous les cabinets de physique du monde.

Ajoutons enfin qu'un des premiers apôtres de la lumière électrique fut M. Archereau ; il avait une ardeur au moins égale à celle de M. Serrin, que l'on voit partout à l'œuvre, infatigable et persévérant au-delà de ce que nous pourrions dire.

V

RÉGULATEUR DE LA PRESSION DES GAZ

DE M. GIROUD, DE GRENOBLE.

Nécessité d'une pression régulière. — Inégalités essentielles de la pression et ses effets. — Manomètre. — Pression au brûleur. — Pression du réseau. — Régulateur du réseau. — Tuyau de retour. — Installation du régulateur : éclairage particulier. — Petit réseau; grand réseau. — Application du régulateur à l'examen du gaz d'éclairage.

Qu'il s'agisse d'éclairage au gaz ordinaire ou d'éclairage au gaz oxhydrogène, une pression régulière et constante est une condition essentielle de succès et d'économie, voilà pourquoi nous nous sommes fait un devoir de reproduire ici l'article que nous avons consacré dans *les Mondes* aux excellents régulateurs de M. Giroud.

L'industrie de l'éclairage au gaz est incontestablement une des plus grandes industries des temps modernes, et dans cette industrie si considérable la pression du gaz au sein des canaux extérieurs et des tuyaux de conduite intérieure joue certainement le rôle d'élément capital, au double point de vue de la bonté de l'éclairage et de son prix de revient. Nous n'exagérerions rien en évaluant pour la ville de Paris à plusieurs millions les pertes de gaz et de lumière causées

5.

par les inégalités de la pression. Et cependant les régulateurs actuellement établis se comptent par unités, tandis qu'on devrait les trouver partout ; et la Compagnie générale elle-même n'a pas abordé sérieusement la solution de ce problème capital.

Nous nous souviendrons toujours du spectacle dont nous fûmes témoin dans une des grandes salles du rez-de-chaussée du Grand-Hôtel de la Paix, alors occupée par une réunion d'actionnaires. Il était trois heures de l'après-midi, les becs de cette salle sombre étaient les seuls allumés dans l'hôtel ; la pression était énorme, les flammes faisaient un vacarme effrayant, leur lumière était fuligineuse, la salle se remplissait rapidement d'une fumée nauséabonde, on respirait avec peine et l'on entendait mal ; chacun, s'il l'avait pu, se serait empressé de fuir.

Comprend-on que dans un établissement aussi colossal, la circulation du gaz soit fatalement abandonnée à elle-même au détriment matériel et moral des personnes et des choses ? Il est temps, grand temps d'apporter remède à cet abus par trop barbare ; et parce que les régulateurs de notre ami M. Giroud sont la solution la plus complète de ce difficile et important problème, nous nous en sommes faits depuis longtemps l'apôtre ardent et zélé. Essayons une fois encore de bien faire ressortir leur nécessité et leur excellence.

Inégalités essentielles de pression et ses effets.— De l'usine ou du gazomètre au brûleur, le gaz est sous l'influence d'une multitude de causes de diminution de son élasticité. Entrant dans les canaux sous une pression constante, qui est à Paris, par exemple, de 150 millimètres, le courant d'hydrogène bicarboné, gêné tour à tour par la valve de départ de l'usine, par les coudes, par les étranglements, par les sections de conduite trop restreintes, par les différences de niveau, par les robinets de distribution et de service, s'échappe des becs sous une pression qui varie de 2 à 20 millimètres.

Les variations de la pression ont une influence énorme sur la lumière produite, et nous établissons avant tout, comme un premier principe que, pour la combattre, ce n'est pas sur le bec ou brûleur qu'il faut agir, qu'on chercherait en vain un brûleur économique à la fois et insensible aux écarts de pression, qu'il faut absolument chercher en dehors des becs le remède aux variations de la pression.

Lorsqu'un bec est allumé, toute modification de la pression se manifeste à la fois sous trois aspects différents : la flamme change de forme ; la dépense cesse d'être constante ; le pouvoir éclairant augmente ou diminue. Il en résulte que la pression au départ, la pression au bec, la forme de la flamme, son intensité et son prix de revient, sont des quantités tellement liées entre elles, que la variation de la première et de la seconde entraîne nécessairement les variations de toutes les autres, mais dans des proportions variables avec la nature et la disposition du brûleur.

En général, quand la pression augmente, la flamme s'allonge plus qu'elle ne s'élargit ; la dépense croît proportionnellement au carré de la pression ; le pouvoir éclairant croît en général plus vite que la dépense si le bec a un verre ; la dépense et l'intensité croissent ensemble dans une même proportion si le bec brûle à l'air libre ; enfin, si le bec est construit pour brûler sous forte pression, la dépense augmente en même temps que le pouvoir éclairant diminue. Cette complication de circonstances montre assez combien est entourée de difficultés l'installation de bons régulateurs. Quel bec employer, sous quelle pression faire brûler le gaz pour obtenir telle quantité donnée de lumière avec la moindre dépense possible? Il ne suffit pas évidemment de choisir le bec le plus économique, et de le régler convenablement; il faut l'affranchir après qu'il a été réglé de toutes les variations de la pression. M. Giroud obtient le premier résultat à l'aide du manomètre représenté par la figure 19. A, chambre inférieure dans laquelle arrive le gaz par un des deux robinets latéraux; B bassin avec tube E ouvert à ses deux bouts et communiquant avec la chambre A; D cloche à parois épaisses formée de deux tubes concentriques, inaccessibles à l'eau dans l'intervalle qui les sépare; F tube latéral fermé par le haut, communiquant avec le bassin B; G tuyau amenant dans la partie supérieure du tube F le gaz de la chambre A; H tige cylindrique destinée à réduire la section vide du tube F jusqu'à ce que la surface totale de l'eau sur laquelle presse le gaz, dans ce tube ou dans la cloche D, soit égale à la section annulaire des parois de cette dernière cloche; à son centre est suspendu par une

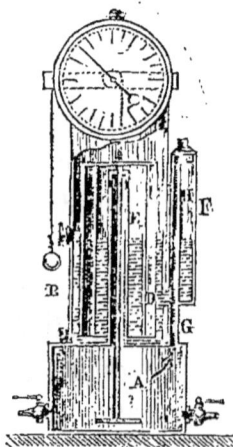

Fig. 19.

Fig. 20.

tge rigide un poids destiné à lui servir de lest et à assurer son équilibre vertical ; les mouvements de ce poids sont transmis par un fil à une poulie sur l'axe de laquelle tourne l'aiguille destinée à indiquer, suffisamment agrandies ou amplifiées, millimètre par millimètre, à un vingtième de millimètre près, les variations de la pression.

Nous n'avons pas à nous arrêter ici sur les moyens employés pour mesurer : la dépense à l'heure; l'intensité relative ou absolue de la flamme ; le titre du gaz ou l'intensité correspondante à une dépense donnée, 100 litres, par exemple ; le régime, ou le nombre de litres consommés par bougie ou par unité de lumière, régime progressif quand la lumière croît plus que la dépense, régime rétrograde quand la dépense croît plus que la lumière, régime constant, quand la lumière et la dépense croissent proportionnellement ; enfin, les qualités relatives des divers becs. Nous dirons seulement que le bec Bengel et le bec en cuivre sont des becs à régime progressif ; les boutons fendus, des becs à régime constant; les papillons à deux trous, des becs à régime rétrograde.

Pression au brûleur. Le plus simple des manomètres servant à mesurer la pression sous laquelle le gaz s'échappe de l'orifice d'un brûleur est représenté fig. 20. Il se compose tout simplement d'un tube de verre recourbé. La colonne d'eau renfermée dans ce tube cède à la pression du gaz, et monte dans la branche ouverte à air libre ; la pression est mesurée par la différence entre les deux niveaux, mais comme la quantité d'eau chassée se partage entre les deux tubes, chaque diminution de pression d'un millimètre se mesure par un demi-millimètre d'eau.

La première condition du bon éclairage d'une ville est que la qualité du gaz livré par la compagnie soit contrôlée avec toute l'efficacité possible, afin que les usines de production, averties à temps, abandonnent aussitôt la voie qui pourrait les conduire à fabriquer dans de mauvaises conditions. Cette question de qualité intrinsèque du gaz écartée, c'est seulement par la constance du volume débité par les brûleurs qu'une ville peut avoir la certitude de recevoir la somme de lumière qu'elle paye; or cette fixité du débit d'un bec dépend uniquement de la pression sous laquelle le gaz arrive à ce bec, et il y a dès lors un grand intérêt à ce que la pression soit du réseau, soit de la conduite intérieure faisant suite à chaque compteur reste aussi invariable que possible.

Dans le cours d'une soirée, la pression varie souvent du simple au double, ou même du simple au quadruple; mais admettons, ce qui certes n'est point exagéré, qu'une oscillation d'un sixième dans la pression d'un réseau, est l'état normal du meilleur éclairage public au gaz. Un calcul facile prouve jusqu'à la dernière évidence, qu'à Paris où cet éclairage coûte quatre millions, cette variation d'un sixième en moins dans la pression du réseau, oscillation que les employés sont impuissants à conjurer, entraînerait pour la municipalité une perte de 400 mille francs! Et si la compagnie parisienne consentait à prendre sur elle la chance inverse, c'est-à-dire si elle acceptait comme condition normale une pression d'un sixième de plus que la pression moyenne du réseau, sa perte vraiment énorme serait de plus d'un million de mètres cubes ou de 200 000 mille francs, à 20 centimes le mètre cube.

Pression du réseau. Le consommateur a le plus grand intérêt à ce qu'elle reste constante, car les pressions variables le forcent à préférer les brûleurs à régime rétrograde, qui dépensent du gaz sans donner de lumière, aux brûleurs à régime progressif qui procureraient une lumière deux ou trois fois moins onéreuse. Il est vrai qu'on essaye de corriger les variations de pression du réseau par le réglage au moyen de la clef du compteur. Mais si la fermeture du robinet est assez peu prononcée pour ne pas apporter de modifications de pression dans le courant gazeux, elle ne s'opposera nullement à la variation de pression venant du dehors; si au contraire elle est assez prononcée pour modifier la pression du courant au-delà du compteur, sans supprimer l'influence des variations de la pression de la rue, elle produira l'effet d'une canalisation insuffisante; il ne sera plus possible d'allumer ou d'éteindre quelques becs sans faire en même temps baisser ou monter tous les autres.

La régularisation de la pression doit donc s'appliquer d'abord au réseau puis au compteur. De nombreuses séries d'expériences ont démontré jusqu'à l'évidence les propositions suivantes, au point de vue de la pression : 1° Tout conduit commence d'abord par être un réservoir où la pression reste constante, et finit par devenir un canal d'écoulement où la pression est nécessairement variable; 2° La limite qui sépare ces deux modes de fonctionnement est une question de vitesse, et cette vitesse limite est différente pour les petits et les grands conduits; 3° Tous les conduits, quels qu'ils soient, sont défectueux ou insuffisants lorsque la consommation exige une vitesse plus grande que celle qui leur permet de fonctionner comme réservoirs; 4° On peut admettre sans trop d'erreur pour le maximum de consommation qu'un conduit est susceptible de desservir 6 becs 4 dixièmes, de 140 litres, par centimètre carré de section; 5° En ce qui concerne l'émission du gaz on peut formuler la règle suivante : l'alimentation du réseau doit être instant par instant égale à la dépense, et par conséquent la pression doit varier, au départ de l'usine, d'après les besoins de la consommation, de telle sorte qu'elle reste constante dans tous les conduits fonctionnant comme réservoirs.

Tous les prédécesseurs de M. Giroud, et M. Clegg le premier, semblent s'être conjurés pour faire au contraire que la pression soit constante, non pas dans les conduits actuellement, mais à la sortie de l'usine, ce qui est un gros contresens. En réalité le régulateur Clegg et ses imitations sont des instruments construits pour rendre la pression invariable au sortir de l'usine (tout en la laissant varier à son gré dans les conduits pendant la durée entière de l'alimentation), mais que l'on emploie ensuite à la faire varier d'après les renseignements qui apprennent le lendemain seulement ce qu'il aurait fallu faire la veille.

Arrivons enfin à la description des appareils si ingénieux et si efficaces par lesquels M. Giroud a obtenu une régularisation complète.

Régulateur du réseau.—Le cône A, fig. 21, suspendu à une tige rigide B, et engagé dans une ouverture fixe, livre au gaz un passage d'autant plus grand qu'il est plus abaissé au centre de l'ouverture. Dans les deux directions du courant, l'effort exercé de haut en bas par le gaz sur le cône, s'exerce en même temps de bas en haut contre le fond de la cloche C de même diamètre que le cône, mobile avec la tige B et lutée dans un bassin fixe D plein d'eau.

Dans le petit bassin D, situé au-dessous de la cloche C et solidaire aussi des mouvements de la tige B, plonge un tube fixe E de même section que la base du cône. Ramené dans ce tube E fermé à son sommet, le gaz inférieur au cône exerce sur la portion mobile de l'appareil deux pressions égales et de sens opposés, sous le cône et sur la section d'eau du bassin D renfermée dans le tube E. Le gaz du réseau de consommation est ramené séparément sous la cloche E au moyen d'un *tuyau de retour*, partant d'un point où la canalisation fonctionne, comme un réservoir; ce gaz exerce sous la cloche F un effort qui soulève le cône ou le laisse descendre, diminuant ainsi l'alimentation ou l'augmentant, aussi souvent que la pression dans le périmètre éclairé n'est pas rigoureusement contrebalancée par le poids P. Les ruptures d'équilibre résultant de l'immersion variable des divers tubes dans les bassins sont d'ailleurs corrigées soit au moyen de deux petits réservoirs extérieurs fixés à la cloche F, mobiles avec elle, et alimentés par des

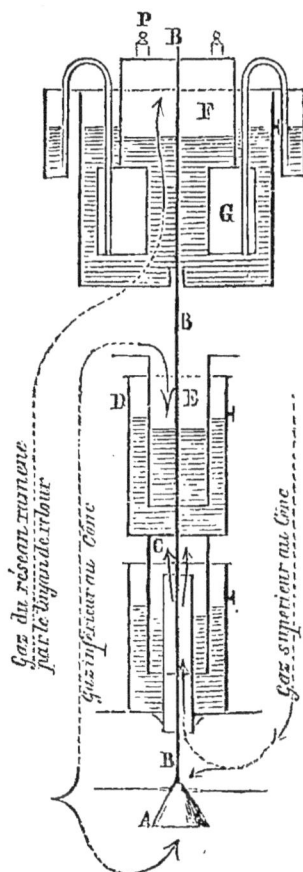

Fig. 21.

tubes formant siphon, soit par un seul réservoir fixe dont le siphon plonge alors dans le bassin mobile D.

Le poids entier de la portion mobile est supporté par un flotteur G, immergé dans un bassin placé à la partie la plus élevée. De cette manière le petit bassin D, les tubes métalliques, la tige et le cône placés au-dessous font l'effet d'un lest puissant, et le système mobile, constitué à l'état d'équilibre indifférent sur le passage du courant qu'il s'agit de régler, cède aux plus minimes variations de la pression, comme le ferait l'aréomètre le plus délicat.

Lorsque le régulateur est placé dès le départ, sur une conduite suffisante, ce qui a presque toujours lieu pour les petites consommations, le réservoir commence presque sous le cône du régulateur; sa tige de suspension (fig. 22) peut servir de tuyau de retour. Et quoique alors tout se passe dans l'intérieur de l'appareil lui-même, c'est néanmoins le gaz du

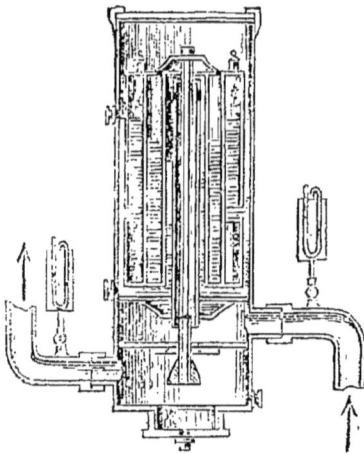

Fig. 22.

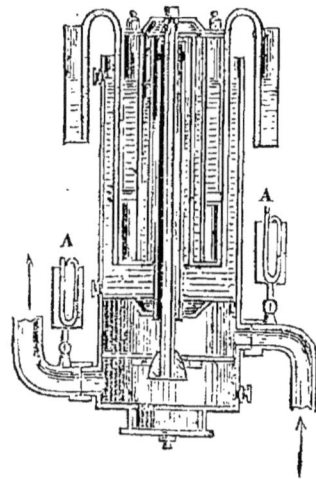

Fig. 23.

réseau de consommation qui, ramené sous la cloche à laquelle le cône est suspendu, devient le seul moteur et de la cloche et du cône. La régularisation n'est pas aussi parfaite ; il existe une variation constante de près d'un millimètre entre la pression du plein éclairage et celle de l'éclairage restreint à quelques becs seulement ; à moins qu'on ne rétablisse les tubes de compensation, fig. 23.

Lorsque le régulateur doit agir directement sur un conduit insuffisant, comme cela arrive toujours pour les grandes usines, le tuyau de retour part du réservoir et revient aboutir sous la cloche motrice.

Dans ces conditions, la longueur du trajet peut quelquefois empêcher que les altérations de pression survenues en ville soient reportées à l'usine avec la promptitude nécessaire.

On échappe à cet inconvénient en réduisant d'abord le tuyau de retour à des proportions minimes, en le branchant en ville sur le réservoir, et le ramenant dans l'appareil (fig. 24) sous la cloche E, à parois épaisses, et qui débouche dans un bassin A. Pénétrant sous cette cloche, le gaz du tuyau de retour la soulève jusqu'à ce que son poids, augmenté de celui qu'elle prend dans son émersion, fasse équilibre à la pression du gaz, que nous supposerons être celle sous laquelle on veut faire marcher la consommation du réseau. Quand cette pression vient à changer, la cloche E s'élève ou s'abaisse ; son mouvement se transmet à un axe qui porte des aiguilles isolées électriquement, en communication avec les pôles d'une pile et pouvant glisser à frottement très-doux sur le cadran métallique installé au-dessus de la cloche. Lorsque les aiguilles sont horizontales, elles reposent sur deux lames d'ivoire qui isolent les deux moitiés du cadran, et le courant électrique est interrompu. Mais, dès que la pression change, le mouvement de la cloche C fait passer les aiguilles sur les deux demi-cercles métalliques, dont l'un est relié à l'usine, l'autre à la terre; le courant se trouve interverti à la fois et transmis à un rouage, fig. 25, placé à l'usine au-dessus du

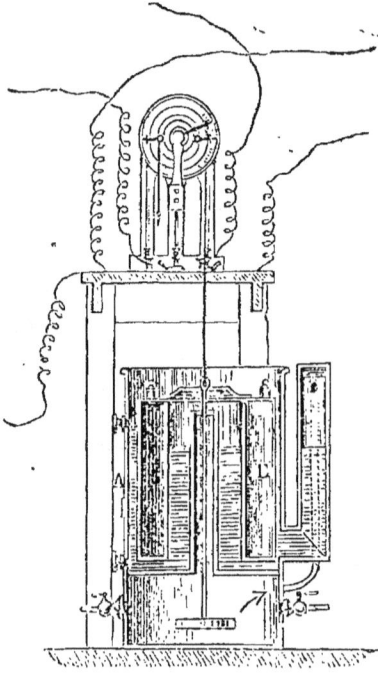

Fig. 24.

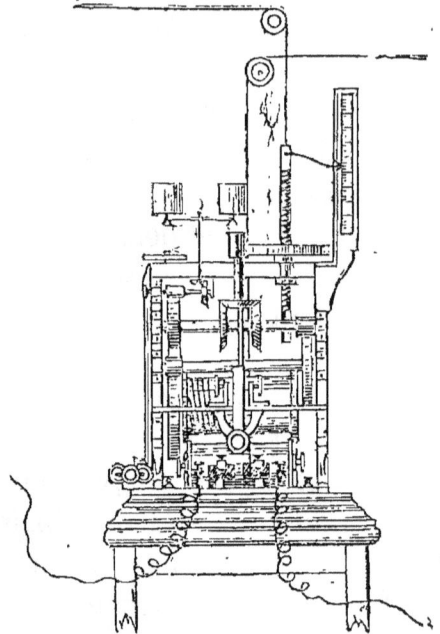

Fig. 25.

régulateur. Le moteur de ce rouage est un poids de quelques kilogrammes qui commence à agir lorsque le courant électrique soulève une détente placée sur l'axe du volant, en même temps qu'il agit sur un petit embrayage conique adapté à l'un des axes ; alors, selon le sens du courant dans le fil de la ligne, la vis ou crémaillère à laquelle est suspendue la valve équilibrée s'élève ou s'abaisse pour ouvrir ou fermer le passage du gaz. Un second fil aboutissant à une sonnerie placée dans l'usine complète cette disposition. Si, par un accident impossible à prévoir, la pression subit tout-à coup un écart brusque, de 2 à 3 millimètres par exemple, le courant abandonne le rouage ; la sonnerie d'alarme retentit jusqu'à ce qu'on soit venu corriger la variation de pression dont l'aiguille indique le sens, et que le rouage n'a pas pu maîtriser avec assez de rapidité. Pour corriger sur place l'effet de la variation de pression, il suffit d'augmenter ou de diminuer le poids placé sur la cloche. La précision du régulateur ainsi disposé ne laisse absolument rien à désirer. Partout où il est installé, à Orléans, par exemple, et à Saint-Étienne, les becs s'allument et s'éteignent tous sans que l'aiguille du contact électrique abandonne le bord supérieur ou inférieur de la plaque d'ivoire isolante. Le rouage a l'avantage précieux de rendre le régulateur complétement automatique, mais on peut s'en passer et manœuvrer à la main la valve équilibrée dès que la sonnerie retentit, dans le sens indiqué par l'aiguille.

Le tuyau de retour joue le principal rôle dans le bon fonctionnement des appareils régulateurs. Il transmet instantanément à l'usine les renseignements qui sans lui arriveraient un jour trop tard ; éliminant tous les accidents de circulation, il va puiser le gaz en un point où le réseau fait office de réservoir, et prolonge ce réservoir jusque dans l'usine. Aussi sa longueur ne doit pas en général dépasser 600 mètres, et sa section doit être au plus un centième du diamètre de la cloche sous laquelle le gaz est ramené.

Lorsqu'il s'agit d'un éclairage d'abonné ordinaire, le régulateur se place à la suite du compteur, fig. 26 ; on suppose, bien entendu, que la canalisation forme réservoir à partir du compteur, et le tuyau de retour est alors placé dans l'intérieur du régulateur.

Dans le cas d'un petit réseau, fig. 27, alimenté par une usine, le tuyau de retour devient à l'usine le moteur de la valve de départ ; et quand sa longueur est de plus de 6 à 700 mètres, il convient de le faire aboutir en ville sous le manomètre à courants électriques.

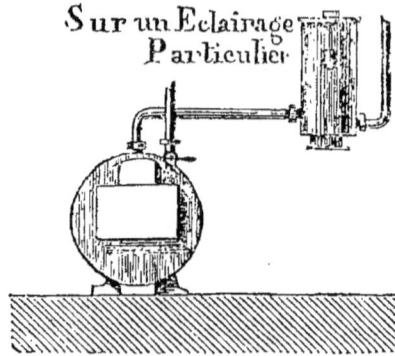

Fig. 26.

Si, sur un grand réseau, on veut rendre le régulateur automoteur, il suffit, fig. 10, de disposer sur la valve un rouage mis en mouvement par l'électricité qui l'ouvre ou la ferme selon le sens du courant transmis. L'emploi du régulateur télégraphique n'apporte jamais aucun trouble dans l'alimentation du réseau, il ne crée jamais l'insuffisance d'alimentation, et ne l'accroît pas quand elle existe ; il permet au contraire de constater le mal, de le circonscrire avec certitude et de le faire cesser sans excès de dépense.

Voici comment on doit procéder pour bien assurer sa marche. On choisit pour maximum de pression celle qui est ordinairement observée au point où doit s'embrancher le tuyau de retour, et l'on dispose les organes du régulateur de manière à les faire fonctionner sous ce maximum. On diminue ensuite chaque jour la pression d'un demi-millimètre seulement, tant que le réseau ne cesse pas d'être parfaitement servi; et l'on s'arrête à la limite de pression ainsi déterminée par tâtonnement. On fait chaque soir l'allumage entier sous cette pression, et quand on est certain que tous les brûleurs sont ouverts, on relève la pression d'un dixième, sans secousses, en procédant par fractions de millimètre,

Sur un
Petit réseau.

Petit réseau.

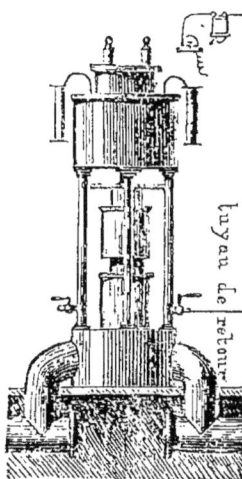
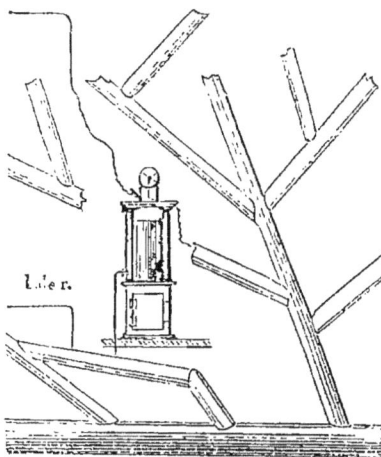

Fig. 27.

de cinq minutes en cinq minutes. De cette façon l'éclairage acquiert dans le réseau une plénitude très-satisfaisante pour les consommateurs et très-avantageuse pour l'usine.

Il est des circonstances où, pour compléter l'action des régulateurs de réseau et des régulateurs de conduite intérieure ou d'abonnés, par exemple, lorsque l'éclairage a lieu à la fois à divers étages ou avec plusieurs espèces de brûleurs, il devient nécessaire d'adapter sous chaque brûleur un petit robinet de barrage appelé niveleur, dont la clef n'est mobile qu'au moyen d'un tourne-vis, et qui sert à

donner irrévocablement à la flamme la dimension précise
dont on a besoin. Avec le secours de ces *niveleurs*, un seul
régulateur, placé par exemple au rez-de-chaussée d'une maison, règle sans peine tous les becs des divers étages, quelque
différents que ces becs soient entre eux, et de telle sorte qu'à
durée égale les dépenses soient toujours exactement les
mêmes.

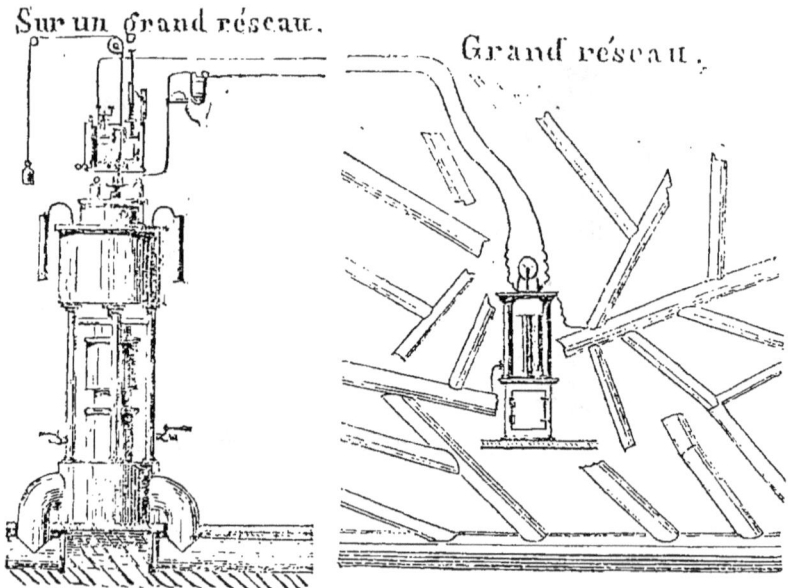

Fig. 28.

En résumé, l'emploi des régulateurs permet d'abord de
donner aux bons brûleurs, aux becs à basse pression, la
préférence à laquelle ils ont droit, en même temps qu'ils
réalisent une économie que l'expérience et les faits prouvent
être de 15 à 20 pour 100; et qu'ils font disparaître les
variations dans les dimensions de la flamme, à la fois désa-
gréables et causes d'une dépense ou perte appréciable.
Nous l'avouerons, nous ne comprenons pas l'éclairage au

gaz sans le double régulateur du réseau et de l'abonné.

A la Société d'encouragement pour l'industrie nationale, l'éclairage au gaz n'a été tolérable que depuis que, sur notre proposition, M. Giroud y a installé son régulateur. Avant cette installation les becs dansaient, sautaient, devenaient menaçants et fumeux ; l'huissier des séances ne pouvait pas quitter un instant sa canne d'allumeur, et il avait à peine le temps de passer d'un bec à l'autre pour les calmer. Aujourd'hui tout est tranquille, c'est à peine si, dans le cours d'une longue soirée, il devient nécessaire de corriger la flamme de un ou deux becs, et l'économie de gaz est considérable.

Nous croyons devoir signaler, en finissant, une application importante et intéressante d'un petit régulateur Giroud, mis en relation avec un bec bougie. L'orifice d'écoulement est toujours le même, la pression à l'orifice ne varie pas, et par conséquent les volumes dépensés dans l'unité de temps sont toujours égaux. Donc si le pouvoir éclairant de la flamme du jet vient à changer, ce sera parce que la composition chimique du gaz aura cessé d'être ce qu'elle était. La flamme du bec à un seul trou, ou bec bougie, possède, en effet, la propriété de s'allonger ou de se raccourcir considérablement, soit à volume égal débité, lorsque la qualité du gaz change, soit à qualité égale du gaz, le volume fourni venant à changer. Il résulte des expériences de MM. Audouin et Bérard que la flamme d'un bec d'un millimètre, équivalente à une bougie lorsqu'elle a 10 centimètres de longueur, doit avoir 15 1/2 centimètres de longueur pour que l'intensité de la flamme devienne double. Choisissons le moment où le gaz vérifié au moyen de l'unité admise, et qui est celle de la flamme d'une lampe Carcel brûlant 42 grammes par heure, a le pouvoir éclairant règlementaire, et plaçons

6

sur le régulateur le poids nécessaire pour que le bec bougie d'un millimètre donne le 7ᵉ 1/2 de la lampe Carcel. Le bec et le poids du régulateur restant les mêmes, nous constaterons que la hauteur de la flamme varie d'un jour à l'autre de plusieurs millimètres, sans aucun doute, parce que la composition chimique et le pouvoir éclairant absolu du gaz viennent à changer. En mesurant cette variation d'après cette donnée, qu'une intensité double de l'intensité primitive prise pour unité correspond à un allongement de 55 millimètres, on obtiendra sensiblement le même résultat qu'avec les moyens d'analyse optique ou chimique les plus parfaits. En outre, parce que l'observation prouve que les changements dans la qualité du gaz n'influent pas sur les rapports entre les intensités lumineuses des becs, et que le bec bougie donne toujours le 7ᵉ 1/2 du bec type Bengel de 20 trous, réglé à 105 litres à l'heure, on peut déduire l'intensité d'un bec quelconque de la comparaison avec le bec bougie brûlant comme il a été dit plus haut.

De cette manière, la simple mesure de la hauteur d'une flamme sortant d'un trou invariable de 1 millimètre de diamètre, en mince paroi, sous une pression constante de 10 millimètres, assurée par un régulateur très-simple, donnera, avec toute l'approximation qu'on peut désirer dans la pratique, le pouvoir éclairant d'un gaz et l'intensité lumineuse d'un bec quelconque. C'est une solution facile d'un problème très-compliqué.

— Qu'il nous soit permis de consacrer les quelques lignes dont nous pouvons disposer encore au bec athermique en cristal de M. Hippolyte Monier, le plus avantageux sans contredit de tous les becs d'éclairage au gaz ordinaire, représenté fig. 29 : W base du panier en cristal, formée de deux moitiés terminées par des ciselures fines; T couronne du panier ; S sommet du panier ; A chambre annulaire en porcelaine noircie ; C brûleur en terre de pipe ; V cheminée

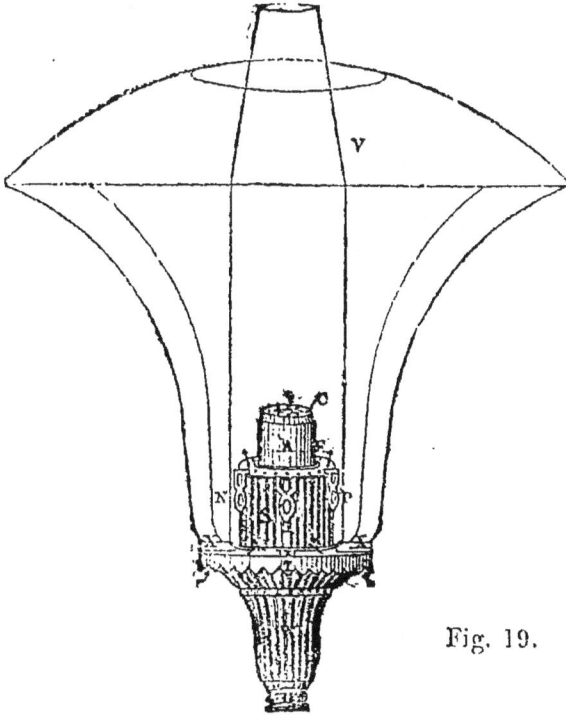

Fig. 19.

cylindro-conique ; NP globe en forme de chapeau chinois pour les becs de luxe. Lorsque sur deux compteurs identiques on installe d'une part le bec Monier, de l'autre un bec quelconque, et qu'après avoir égalisé les deux lumières au photomètre, on compte les marches des deux aiguilles, on croit rêver ; on serait tenté de penser qu'il existe au sein de chaque compteur un lutin qui retarde avec complaisance l'aiguille en relation avec le bec Monnier, qui accélère méchamment l'aiguille de la dépense du bec rival quelconque. La différence se manifeste si promptement, et elle est si énorme que tous ceux qui l'ont constatée ont été saisis d'étonnement. Des milliers d'expériences de laboratoires, des essais tentés sur la plus large échelle, la pratique de chaque jour pendant plusieurs années, s'unissent pour démontrer de la manière la plus éclatante que le bec Monier mis en parallèle avec les becs les plus vantés, donne la même lumière avec une économie de gaz de 13 pour cent sur le bec type Bengel, de 25 pour cent au moins sur tous les autres becs, quelquefois de 35 et 40 p. 100. En outre, la flamme du bec Monier est aussi tranquille que celle des meilleures lampes Carcel ou modérateurs. Il n'y a plus d'ombre portée au-dessous, parce que la lumière est transmise à travers le cristal transparent. Le gaz condensé et chauffé par son passage à travers les trous, de grandeur et de nombre convenables, du brûleur en terre de pipe, est entièrement consumé. La cheminée, de forme excellente, cylindrique à la base, doublement conique au sommet, emménage parfaitement le triple courant d'air qui afflue vers le brûleur : la provision d'air n'est ni trop forte, ni trop faible ; il n'y a pas de fumée, et la flamme ne se colore pas à la base de cette teinte bleue qui annonce une combustion par trop intense ; elle prend, au contraire, une légère teinte rouge ou jaune caractéristique d'une très-grande intensité lumineuse. On réalise, en un mot, et le maximum de lumière et le maximum de chaleur, on éclaire le plus possible, on chauffe le moins possible. Même après que le bec est depuis longtemps allumé, on peut toujours saisir la cheminée avec les doigts sans se brûler. Le bec Monier est toujours propre parce qu'il est en verre ; il n'est jamais envahi par les mille insectes ailés que la lumière attire, et c'est à peine si la poussière peut y pénétrer.

FIN.

TABLE DES MATIÈRES

I

II

6.

III

IV

V

Paris. — Typ. Walder, rue Bonaparte, 44.